西尔斯 DR. Sears
聪明大脑养育百科
RAISING A SMARTER CHILD

［美］威廉·西尔斯　［美］玛莎·西尔斯 著
李耘 译

NEWSTAR PRESS
新星出版社

新经典文化股份有限公司
www.readinglife.com
出 品

目 录

来自西尔斯医生的建议..1

为什么中国家长和孩子需要这本书..2

第一部分　帮助成长中的孩子发育大脑

第一章　开发宝宝的大脑花园..7

小小大脑花园如何建成..8

培育成长中的大脑花园..13

为什么宝宝的大脑很脆弱..15

养育聪明宝宝的官方建议..16

第二章　给孩子一个聪明的开始：一岁以前................21

选择聪明的乳汁..21

母乳让宝宝聪明的 4 个原因..24

聪明的背法——宝宝背带..32

聪明的抚摸..40

聪明的交谈..42

聪明的聆听和回应..47

聪明的看护人..47

第三章　孩子的饮食：聪明的食物 51

美国的肥胖问题 52

培养孩子的饮食习惯 55

给1～5岁孩子聪明食物的5个理由 56

聪明的脂肪 62

聪明的水果和蔬菜 68

聪明的碳水化合物 74

聪明的食物也要少食多餐 80

浆果有益大脑 85

一天始于聪明早餐 87

在学校里吃聪明食物 93

让孩子保持苗条 96

第四章　到外面玩——大自然的神经科学 103

运动不足障碍（MDD） 103

运动如何帮助小小大脑变得更聪明 105

到户外玩 111

绿色成长和电子成长：两个孩子的故事 114

眼睛感觉很舒服 116

第五章　婴儿、幼儿和学龄儿童的大脑发育技巧 121

聪明游戏——孩子的第一所学校 121

聪明的玩具 131

聪明的阅读 136

聪明的音乐...140

聪明的睡眠...144

让孩子睡得更好的 9 个技巧...145

聪明的选择...155

聪明的运动...159

聪明的学校...161

第六章　培养在情感和社交方面更聪明的孩子..............163

同情教育——培养有同情心的孩子.....................................163

同情教育的 10 个建议..166

帮助孩子掌握控制压力的方法...174

第二部分　第二大脑

第七章　认识你的微生物群肠道大脑如何联系头部大脑.........187

孩子的微生物群怎样影响发育中的大脑............................187

发育中的肠道大脑如何联系头部大脑................................190

1. 分娩带来最聪明的微生物群..191

2. 为了最聪明的微生物群，给孩子最聪明的乳汁...........195

3. 给宝宝聪明的肠道大脑食物..199

4. 去外面玩——还要玩得脏兮兮的....................................204

5. 孩子的大脑吃了太多药？..205

益生菌：对妈妈和孩子的好处...206

第八章　其他有关大脑发育的问题..................209

第三部分　从孕期开始养育聪明的宝宝

第九章　孕期：养育聪明宝宝的5个方法..................227
1. 聪明的饮食..................227
2. 绿色生活——呼吸清洁的空气..................237
3. 不要吸烟..................238
4. 怀孕期间不要喝酒..................239
5. 不要担心，要开心..................240

附注　更多的聪明信息..................242

附录　令人惊叹而疲惫不堪、充满挑战而不可思议的年轻大脑：生存和发展..................251
青少年大脑独特的10个方面——正在发生什么..................252
父母指南：培养健康的青春期大脑的15条建议..................263
帮助者快感..................274

来自西尔斯医生的建议

什么器官是一个人成功的关键？

大脑！

什么器官最能影响一个人的贫富？

大脑！

什么器官最能决定一个人是否快乐？

大脑！

什么器官在成长过程中最容易受父母的影响？

大脑！

什么器官最容易生病？

大脑！

什么器官的疾病最容易预防？

大脑！

这本书将让你收获两种文化的精髓：既了解中国文化中最智慧的育儿方式，又学到美国文化中最聪明的习惯。美国有个说法："给孩子两全其美的世界。"也就是说，给孩子我们的文化和其他文化中最好的部分。

阅读本书的目的是培养一个更快乐、更聪明，也更成功的孩子。我们希望父母、老师、看护人，以及所有在孩子的成长中发挥作用的人，将来都会得到孩子的拥抱，并听到他们说："谢谢你让我变得更聪明。"

为什么中国家长和孩子需要这本书

我最近去过3次中国，主要是在中国营养学会等组织的医学会议上做大脑健康方面的演讲。在中国，家长和卫生保健专家们告诉我，他们特别关心3个问题：

1. 西方的大脑疾病在中国儿童中越来越普遍。
2. 空气污染对儿童健康有什么影响，尤其是在大脑发育方面。
3. 亚洲传统饮食向西方饮食习惯的转变，是否会影响儿童大脑发育。他们担心越来越多的中国家庭越来越"西化"，抛弃了一些明智的、传统的亚洲饮食习惯。

有一次演讲结束后，一个开朗的中国妈妈让我跟她13岁的女儿聊聊天。她说："西尔斯医生，我女儿的理想是有一天去美国上哈佛大学。她学习努力，成绩非常好。要帮助她实现梦想，我们还能做什么？"我恭喜她的女儿取得那么好的成绩，不过也告诉那对母女，要上好大学，还得考虑更多东西。

美国很多顶尖大学想要的都是"全面发展"的学生。这不是说孩子要外表出挑，而是说孩子不仅要在课堂上表现突出，在课堂外也要如此，比如当志愿者或者参加公益活动。大学还会考虑你是否喜欢运动、美术、音乐等课外活动。

那对母女只关注取得好成绩，没有考虑到其他方面的能力，而那些才会让大学申请更具吸引力。我鼓励这位雄心勃勃的年轻学子："希望能在哈佛见到你，那儿也是我接受医学训练的地方。"

第一部分
帮助成长中的孩子发育大脑

你可能已经听说过我的"亲密育儿法",即:在宝宝的小小大脑快速发育的时期,你和他们进行有助于大脑发育的互动,效果最好。

刚刚为人父母的爸爸妈妈们,请记住:你帮助宝宝的大脑变得更聪明,你自己大脑中的"育儿中心"也会变得更聪明。你给孩子的,孩子会反哺给你。这就是智慧的育儿方式!

第一章
开发宝宝的大脑花园

  宝宝的大脑在婴儿时期发育得最快。这一团小小的智慧中枢在出生时重 300 克，发育完全后达到 1500 克。看看宝宝的身长，你会注意到头部占了 1/4。其他生物没有这样的"大头"，而正是它使人类如此聪明。宝宝的大脑在出生后两年中会增长两倍，到了 4 岁的时候，大脑会重达 1300 克左右，达到成人大脑重量的 80%。8 岁儿童的大脑重量是成人大脑的 90%，16 岁的时候与成人一样重，不过要到 24 岁才完成发育。大脑在 1 岁以前发育最快，其次是 1～5 岁，这段时间是帮助孩子发展智力的黄金时间。

  人之所以为人，正是因为拥有大脑，也是大脑让我们高踞在动物王国的顶端。大脑最具智慧和人性的部分是大脑皮层，占据了大脑的大部分空间。本书的神经学顾问、加州大学神经专家文森特·福塔内斯博士认为，儿童的额叶皮层大多形成于出生之后。父母根据本书建议来开发宝宝大脑非常明智。

小小大脑花园如何建成

想理解宝宝的大脑如何发育,以及自己可以提供何种帮助,只要把宝宝迅速发展的大脑想象成美丽的小小花园就好了。宝宝的大脑从一个细胞开始生长,经历整个孕期,到出生的时候已经分裂成上千亿个脑细胞。这千亿个细胞中的每一个都像一只小小的八爪鱼或者一棵伸展着枝丫的小树。细胞健康了,细胞组成的器官才能健康,大脑尤其如此。让我们把这第一个细胞当作种子种在宝宝的大脑花园中,然后观察它的生长,想想如何帮它变得更聪明。你可以通过以下4个方面帮助大脑细胞变得更聪明。

1. 细胞膜

细胞膜具有选择性和保护性。它让有利于发育的营养通过,同时阻止有害的、被称为神经毒素的化学物质。细胞膜越健康,整个大脑就会越健康。细胞膜的主要成分是脂肪,这也是为什么吃健康的脂肪对大脑大有裨益。稍后你也会了解到,如果孩子吃得更聪明,大脑细胞膜也会变得更聪明。

2. 强大的线粒体

细胞内有一种了不起的小组织,叫作线粒体,相当于细胞的电池,为细胞的高速运转提供能量。大脑是身体最活跃的器官之一,要消耗掉1/4摄入食物的能量和呼吸的氧气。你为线粒体提供的食物越好,它们提供的能量也越好。一个人脑力不足,往往是因为线粒体没有得到足够的营养。

这是我们学到的第一课：给脑细胞提供更好的营养，它们就能更好地工作。

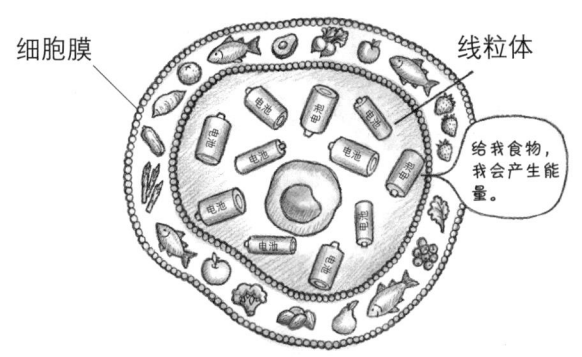

3. 神经纤维的绝缘层——非凡的髓鞘

从脑细胞上延伸出去的枝丫，叫作轴突或者神经纤维，神经冲动通过它们传递。电信号在神经纤维上传播的速度决定了聪明的程度。就像电线一样，神经纤维的绝缘层越好，神经冲动传递的速度和效率也就越高，这也是为什么高能量的电器都使用很粗的电线。神经纤维上的绝缘层叫作髓鞘。髓鞘保护并滋养着大脑花园里的每一棵植物，保证神经脉冲沿着既定的途径传递，而不是逸出。通过提高电效率，髓鞘可以让电信号以上百倍的速度传播。很多神经退行性疾病就是由于髓鞘退化产生的，就像电线绝缘层磨损会引起电传送效率降低一样。一个孩子的聪明程度，跟信号通过"电线"传播的速度和有效性有关——这个过程被称为髓鞘化。

髓鞘和其他脑细胞的脂肪密度都很高，60%的大脑组织都是脂肪。这个事实对于保持大脑健康有两点意义：(1) 宝宝需要合适的脂肪食

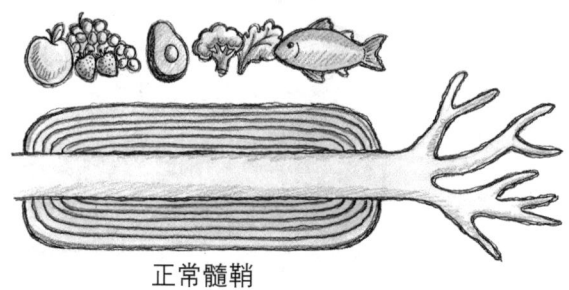

聪明食物

正常髓鞘

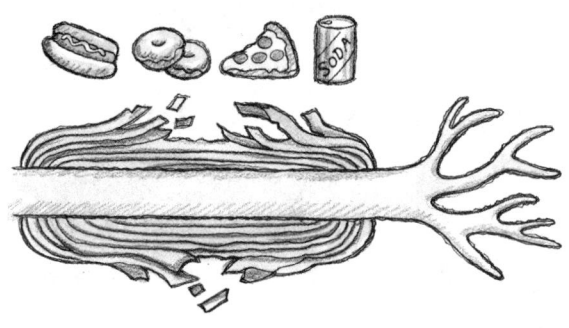

垃圾食物

受损髓鞘

物；(2) 由于脂肪是最容易"变质"（也被称为氧化）的物质，因此大脑也需要大量的抗氧化物。接下来，你会了解每一棵植物，或者说每一个（根）细胞/神经纤维，是如何在宝宝的大脑中工作的。

4．世界上最伟大的社交网络

每天，全世界的智能手机上有上万亿的信息传送。在宝宝发育中的大脑里，也有类似的通信网络。细胞增殖很重要——从怀孕初的一个细胞变成出生时的上千亿个细胞；更重要的是，每一个细胞都通过抽枝展叶跟旁边的细胞建立连接。就像在微信上加朋友来扩大你的社交圈一样，脑细胞也组建了一个神经网络。每个脑细胞都向别的脑细胞伸出 10 000 ~ 15 000 个"枝条"，宝宝发育中的大脑就通过这些"枝条"开始"社交"了。把双手放在眼前，伸出手指，彼此碰到，这就是神经纤维的样子。这些神经纤维的作用就是跟其他神经接触，并形成社交网络，好让脑细胞可以给别的脑细胞"发短信"。神经科学家估计，在子宫中或刚出生不久的宝宝，脑细胞每分钟会传递 20 万次信息。这是怎么做到的？脑细胞的发育和联系都是由生物化学信号引导的，这些信号会告诉神经往这边长、在那边拐个弯、跟这个神经元打个招呼，等等。它们被称为神经营养因子，是自始至终引导着神经细胞沿着正确方向发展的神经语言。

修剪出更好的交流线路。你可能觉得按一个键就可以给世界上任何一个人打电话的发明太棒了，其实这既无必要，也不会真的让你开心，因为数十亿条混乱的电话线路只会让你的电话崩溃。就像大自然会修剪植物上枯萎或多余的枝条一样，宝宝发育中的大脑也会修剪自己。活跃的神经会越来越强壮，因为它们用得最多，也最重要。不那么重要的就会被清理掉。跟肌肉一样，"用进废退"法则也会对大脑发挥作用。修剪使脑回路运转得更高效，就像电话系统会储存你最常用的电话号码，只要按一下就会出现。

脑细胞彼此交流

数十亿的神经细胞末端形似手指，就像触须一样伸出去跟别的神经接触。神经细胞之间的部分是突触，是神经元彼此交流的桥梁。随着突触的增加和修剪，宝宝的大脑会变得更加聪明。细胞能通过突触交流，是利用了一种被称为神经递质的生化物质。神经递质就像大脑中的生化电子邮件。脑细胞来往邮件越顺畅，大脑的运行就越聪明。

现在，你了解了宝宝的大脑花园，想象一下上千亿棵植物（脑细胞）在生长，形成郁郁葱葱的丛林。不过，跟普通植物不一样的是，这些植物都在用邮件跟别的植物交流，这样思想才能变成行动。当你要动一下手臂，一封邮件就发到了大脑的手臂运动中心，中心按下"回复全部"，然后大脑指挥手臂肌肉做出反应——这一切在不到一秒的时间内发生。多么聪明的设计！

给孩子聪明的开始，帮助宝宝的大脑建立正确的连接。

培育成长中的大脑花园

培育健康的花园。 培育健康的头脑和培育健康的花园是一样的。

1. 食物有利于植物生长（参见第 51 页的"孩子的饮食：聪明食物"）。

2. 养料使植物强壮（参见第 108 页，了解怎样让宝宝的大脑产生更多养料）。

3. 水（参见第 105 页，了解运动如何促进血管发育，血液会给大脑输送营养）。

4. 防治"病虫害"（参见第 15 页，了解如何保护宝宝的大脑免受有害的化学物质及有害思想侵扰）。

下面这幅简单的图告诉你，有 4 种途径，可以帮助宝宝的大脑花园变得更聪明：

最伟大的花园

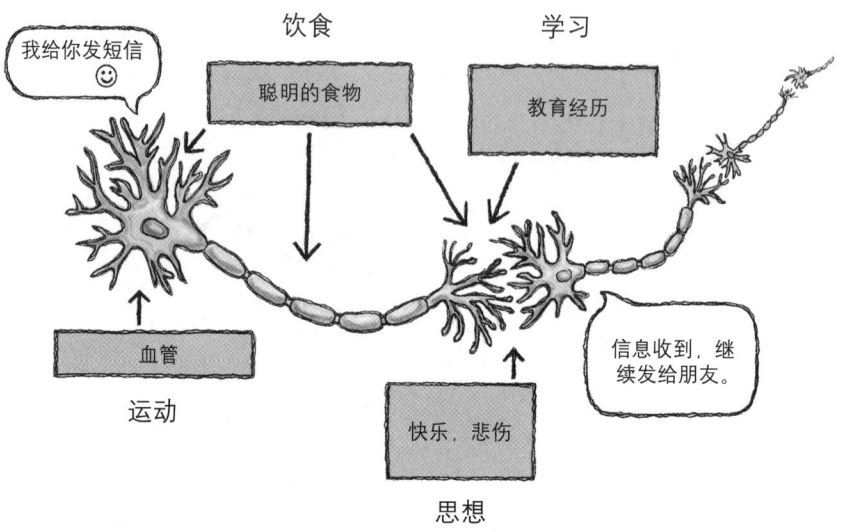

1. 多运动。运动促进血管发育，而血管就像水渠一样，会给大脑带去更多养料。

2. 吃聪明的食物。在第三章你会看到，聪明的食物使得大脑各个部分变得更聪明。它们给大脑细胞提供能量，帮助神经纤维形成更好的髓鞘，使大脑思考和行动的速度更快，也让每一个细胞更好地跟成千上万个其他细胞交流，这样才能让大脑发育得更聪明。

3. 快乐的思想。快乐的思想让脑细胞产生更多快乐的连接，在大脑中形成快乐中心。而悲伤的想法，也被称为有毒的想法，如果太多，停留的时间太长，会形成悲伤中心。

4. 聪明的教育经历。玩耍和学校教育会促进神经发育，这些神经与其他神经相互连接，并最终生长成更聪明的大脑花园。

简言之，培育聪明的大脑花园取决于：

- 饮食
- 思想
- 运动
- 学习

想象一下，上千亿棵这样的"植物"最终跟其他植物联系起来。许多活动在宝宝的大脑花园中发生，接下来，你会学习到如何让宝宝的大脑变得更聪明。

为什么宝宝的大脑很脆弱

大脑是宝宝身体上最重要的器官，也是最容易受到有毒物质攻击的部分。你会在花园里加上防护网，防止害虫侵扰，宝宝发育中的大脑也会形成血脑屏障——一层血管和大脑组织之间的保护层。这可是个好消息！不过，婴儿时期的血脑屏障还没有发育完善，可能会发生"泄漏"，这时候需要爸爸妈妈来保护宝宝的血液不受毒素和"害虫"（比如有害的化学物质或食品添加剂）侵害。只要毒素不进入宝宝的血液，就不太可能泄漏到大脑中去。

在孩子吃的食品包装上，应该有国家规定的生产许可标志。不过，虽然政府设立了许多安全标准，家长们还是要知道，很多化学添加剂并没有进行过针对婴幼儿的专门安全检验。对成人来说安全的食物，对宝宝来说不一定如此，这有两个方面的原因：第一，食物研究是在小白鼠和成人身上进行的，而不是婴儿；第二，进入成人血液的毒素会被肝脏和肾脏过滤，宝宝身体中处理废物的系统尚未发育完全。

宝宝比较脆弱的另一个原因，是他们身体中的脂肪比例比成人高。

"婴儿肥"使他们格外可爱，但杀虫剂和其他有害化学物质也主要储存在脂肪组织中。婴幼儿时期，细胞急速生长和分裂，其中的遗传机制使这个阶段的脂肪组织特别容易受到毒素的攻击。

简言之，孩子越小，他们吃的食物和呼吸的空气就应该越干净。父母们，请记住，将来孩子会因此而感谢你。

聪明基因

过去，人们认为智力主要靠遗传。现在我们知道了，基因在决定智商和未来成功方面只发挥比较少的作用。遗传的智力、成长过程中父母的关爱、早期的教育经历、饮食、社会关系、掌握的技能等，都会对孩子产生巨大的影响。宝宝的8万多条基因中超过一半都用在了大脑发育上。试想一下，宝宝出生的时候带着上千亿棵"小树苗"——神经元。如果这些神经元能说话，它们就会说："我们要连接在一起，爸爸妈妈，你们帮帮我。"

养育聪明宝宝的官方建议

作为一名多年跟孩子打交道的儿科医生，我有时梦想自己也"像个孩子"。在这本书中，我将跟大家分享自己对于养育聪明宝宝的梦想和希望。

想象一下，全世界顶尖的大脑专家要来中国开会，讨论父母在养育聪明宝宝的时候可以采取哪些科学的行动。这些科学家通常会列出下面的这份清单，让你优先考虑：

1. 孕期健康，尤其是怀孕最后的 3 个月，这是宝宝一生中大脑发育最快的时期。

2. 母乳喂养，尽可能频繁，喂养时间尽可能长。

3. 每天用背带背宝宝几个小时。

4. 跟宝宝互动，有足够多的视线接触。

5. 每天多多抚摸宝宝。

6. 早点跟宝宝玩聪明的游戏。

7. 喂宝宝聪明的食物，不要"笨"食物。

8. 呼吸清洁的空气。

9. 帮助宝宝拥有聪明的睡眠。

10. 到户外游戏。

科学家对上述各项的排序有所不同，但他们一致认为，如果父母能在大脑发育迅速的两岁以前，教给宝宝这些聪明的方法，宝宝就更有可能在起跑线上抢得先机。

"有些事我没做到。"你也许会想。别太担心，跟其他器官不同，大脑，尤其是发育中的儿童大脑，有一种叫作神经可塑性的神奇特质，也就是说，大脑可以改变。所以，如果在宝宝成长的早期阶段，由于医疗或家庭的原因错过了一些机会，别焦虑，你还可以等孩子大一点再做出补偿。不过，越早把这些聪明的方法用在孩子身上，大脑就会发育得越聪明。利用你拥有的资源，尽可能地做到最好。

心理健康的一个观念是："如果什么事你改变不了，就不必担心。"接受这个观念。用你学到的知识来帮助孩子，在这条路上走得更远、更好。世界上很多聪明人并不一定天生聪明，后来却做出了卓越的贡献。你越早开始打造宝宝的大脑，就越有可能成功。

阿尔兹海默病从童年开始

看到这个标题，你们感到震惊吗？这是真的！我最近跟文森特·福塔内斯医生一起打高尔夫，他是世界上最有名的阿尔兹海默病专家之一，也是《阿尔兹海默病药方》一书的作者，还是加州大学医学院的神经病学教授。

我问他："文森特，阿尔兹海默病是什么时候开始的？"

"从儿童时期。"他回答。

现在，心血管疾病（心脏病）的发病时间越来越早，甚至早到5～10岁，脑血管疾病也是这样。我觉得原因显而易见：孩子们坐得太久，吃了太多垃圾食品。

研究者已经得出结论，阿尔兹海默病的病因不仅包括大脑组织的炎症，还有血管的硬化和堵塞。阿尔兹海默病只是另一种脑血管疾病。脑组织缓慢而持续衰退的最大原因，恐怕就是血流量的逐渐减少。在后面，你还会看到我为什么不用肥胖这个词，而是用阿尔兹海默病前期。

如何培养聪明的宝宝——概述

婴儿（1岁前）	幼儿（1～3岁）	学前～10岁
• 聪明的乳汁 • 聪明的抚摸 • 聪明的拥抱 • 聪明的辅食 • 聪明的谈话 • 聪明的玩耍 • 聪明的看护人	• 聪明的食物 • 聪明的游戏 • 聪明的玩具 • 聪明的玩耍 • 聪明的睡眠	• 聪明的食物 • 聪明的玩耍 • 聪明的音乐 • 聪明的运动 • 聪明的选择 • 聪明的学习 • 聪明的工作 • 聪明的导师 • 聪明的阅读 • 坚持学习 • 与人交往和利用高科技学习的平衡 • 培养有同情心的孩子

第二章
给孩子一个聪明的开始：一岁以前

选择聪明的乳汁

西尔斯医生又在做梦了。

我梦见自己召集大脑健康领域的顶尖人士来开会，讨论一下如何能把孩子培养得快乐、健康又聪明。我问他们："尊敬的科学家们，你们认为家长可以送给孩子什么，让他们快乐、健康、聪明呢？"如我所料，科学家们迅速举起牌子，上面写着：

尽可能多地母乳喂养

就这么简单！不过也有几个人持不同意见。"不是所有的妈妈都选择母乳喂养，有些人有健康方面的原因。"王先生反对。

另一名反对者钱先生说："配方奶贡献了很多税收。"（科学家们向他翻了个白眼。）一位参加会议的妈妈马上反唇相讥："现在我们讨论的是孩子！"……

最终，一位医生平息了争论，他用幻灯片向大家展示了母乳带来的效益：减少医疗费用、节省精力。

另一位儿科医生补充道："2016年10月，《美国医学会儿科学》杂志有一篇文章，说明了母乳喂养带来的医学和经济效益：'母乳喂养能影响经济，它给孩子带来更大的学习潜力，以及成年后获得高收入的能力。'"

休息的时候，一位科学家对一位保健专家说："我有一次听西尔斯医生的讲座，他谈到'帮助他人让你有快乐的感觉'。我很认同。想象一下，如果我们能帮助更多的妈妈母乳喂养更长时间，那是多么了不起的事。"

"就这么做吧！"对方积极响应。

妈妈们也趁这个时间聚在一起，分享了一些母乳喂养的心得。

会议重新开始后，妈妈们提出了想法：

1."要在妈妈们最有动力学习的时候——体内有一个小人儿正在生长的时候，教她们如何培养更聪明的宝宝，尤其是如何母乳喂养。"

2."在医院里，第一次做妈妈的人需要从专业哺乳顾问那里得到手把手的指导。"

在座的人都鼓起掌来。

这时，那位意识到自己不受欢迎的钱先生说话了："那些不得不回去工作的妈妈怎么办？"

另一位更聪明的钱先生解决了这个问题："我们可以向别的国家学习，他们已经证明某些干预措施是有效的。比如，给愿意在家母乳喂养更长时间的妈妈提供经济奖励，在工作场所开辟哺乳区域，营造有利于母乳喂养的环境，等等。"

一位讲求科学证据的人说："你们应该知道，美国人干什么事情都爱做研究。很多公司发现，如果工作环境有利于哺乳，妈妈们请假的时间更少，因为孩子不太容易生病。而且，因为环境友好，这些妈妈工作效率也更高。"

哇！更高的工作效率和更低的医疗费用。成天盯着数字的人可从没想到过这一点。

公关专家大声说："我们可以把这个聪明的方案广而告之——'我们有世界上最高的母乳喂养率'以及'让我们给孩子最聪明的起点'。"

一位高瞻远瞩的科学家说："还有一个办法让我们在喂养孩子方面领先世界。如果一位母亲想要配方奶而不是母乳喂养，国家可以在婴儿配方奶方面执行最严格的、有科学依据的营养标准，重点强调脂肪的种类（比如提高 DHA 的含量），而且一定要有比玉米糖浆更健康的碳水化合物。"

一位使用奶粉的妈妈鼓起掌来："谢谢！我相信很多安全有效的婴儿配方奶，即使是美国生产的，主要目的还是赚钱，而不是为宝宝提供营养。制定配方奶标准的人应该是营养学家，而不是奶粉制造商。"

大家都很赞赏她的看法。

一位护士为这场讨论锦上添花："对于那些由于身体原因不能母乳喂养的妈妈（1% ~ 2%），应该为她们建立母乳捐赠银行。"

一位证券经理说："这是最明智的长期投资。"

"让我们开始吧！"我愉快地宣布，喝了一口茶，会议结束了，解决方案非常合理。

> **大脑健康就是财富**
>
> 比起健康，政府部门更重视经济的发展。作为一个在贫困中长大的孩子，我能理解这种逻辑。但健康——尤其是大脑健康，是经济增长的主要动力。更聪明的孩子长大以后更具生产力。他们能够创新，带来新的技术，更好地管理公司，并且降低政府的医疗成本。这是多么明智的一项长期投资！

母乳让宝宝聪明的 4 个原因

很多妈妈和医生早就觉得母乳喂养的宝宝长大以后更聪明，不过最近 20 多年，脑科学家才找到原因。1992 年，美国《今日》杂志的头版文章让母乳在全世界获得了声誉，这篇文章的观点振聋发聩："妈妈的乳汁让孩子更聪明。"

1. 妈妈就是医生

宝宝是你的一部分，你的乳汁也是。当你哺乳的时候，母乳就成了宝宝的一部分。一些传统文化认识到了母乳中有医药作用的成分，恰如其分地称之为"白色血液"。需要的话，你很愿意给孩子输血。同样，你也应该把乳汁送给孩子。乳汁和血液一样，都有滋养和保护的作用。每一位妈妈的血液成分都不一样，同样，每一位妈妈的乳汁也是为宝宝量身定制的。妈妈乳汁的滋养和保护作用会随着宝宝的需求而改变，简直可以把它称为"个人药品"。

妈妈就是医生。"医学之父"希波克拉底的"食疗"思想数百年来影响了千千万万的医生,母乳就有"食疗"的作用。

- 每一滴母乳都含有 100 万个白细胞,它们就像游戏里的吃豆人一样,在全身血液中游走,吃掉其中的病菌。
- 妈妈给宝宝制造"抗生素"。宝宝的免疫系统在前 9 个月是最脆弱的。妈妈医生会自然而然地制造"抗生素"抵抗病菌。如果宝宝在上日托的时候染上病菌,回到家得到妈妈的照料,妈妈乳房里的小药房会察觉到宝宝带着病菌,需要"抗生素",于是生产出天然的"灭菌战士",通过乳汁进入宝宝的身体,让宝宝每一口都能吃到量身定制的药。

2. 给宝宝的大脑花园补充养分

在第一章中,我们说宝宝的大脑就像成长中的花园。你给植物的养料越好,花园就变得越美丽。妈妈的乳汁跟宝宝的身体非常匹配,会为大脑花园提供最棒的养料。

母乳被称为超级乳汁,因为其中包含滋养大脑的"聪明脂肪"。宝宝的大脑 60% 都是脂肪,培育宝宝大脑花园最主要的营养物质就是"聪明的脂肪"。

母乳富含促进大脑发育的脂肪——DHA(二十二碳六烯酸),这是一种 Omega-3 脂肪酸。宝宝大脑发育需要大量的 DHA,这种成分直到 2001 年才被加入到婴儿配方奶粉中。而妈妈们的乳汁尽善尽美,能提供孩子需要的所有营养成分,尤其是"聪明的脂肪"。

科学家说:**母乳喂养的孩子更聪明**。过去 20 多年的科学研究发现,母乳喂养越频繁、时间越长,孩子就可能越聪明。母乳喂养的孩子比配方奶喂养的孩子智商高出 7～10 分,所以,给孩子哺乳的美国妈妈

也越来越多。

另一项研究发现,比起那些饮食中海鲜更多的国家,北美妈妈母乳中的 DHA 含量较低。这个发现促使很多妈妈多吃海鲜,并补充 Omega-3 鱼油。还有一项研究发现,吃标准美式饮食的妈妈跟那些多吃海鲜的妈妈比起来,乳汁中的 Omega-3 脂肪含量较低。事实上,日本妈妈的乳汁中 DHA 含量最高,因为她们常吃海鲜。

还有研究揭示,母乳喂养的宝宝大脑中的 DHA 含量高于配方奶喂养的宝宝。这个发现使 Omega-3 鱼油在哺乳期妈妈摄入的营养补充剂中占据高位。还有科学发现表明,补充 Omega-3 的妈妈乳汁中含有更多聪明的脂肪 EPA 和 DHA。

妈妈乳汁中的聪明蛋白质。美国营养学家有一个颠扑不破的信念:不要改变妈妈天然的营养配方。比起实验室里研究婴儿配方奶的科学家，妈妈的经验丰富得多。

母乳中的聪明养分非常多，比如高含量的牛磺酸，这是"聪明的氨基酸"（氨基酸是蛋白质的基本组成单位）。母乳中的牛磺酸比配方奶中多得多，它是大脑花园的养料。

另一个例子就是母乳中含有丰富的胆固醇。这种胆固醇是非常健康的，大脑组织中含有大量胆固醇。但是，在人们开始了解"聪明脂肪"的时候，"胆固醇有害"的观点也盛行起来，尤其是在北美地区，所以有人主张婴儿配方奶中不要添加胆固醇。精明的配方奶厂家只要竭尽所能地模仿母乳就可以了，因为这是人类天生的黄金配比。妈妈医生认为，在大脑快速发育的时候，宝宝吃的乳汁中应该有很多胆固醇。研究结果也表明，跟吃奶粉的孩子比起来，母乳喂养的宝宝血液中的胆固醇水平更高。这对宝宝有害还是有利？当然是有利，否则大自然母亲不会这样设计。

儿童心脏科专家有一个理论：在儿童早期膳食中增加适当的胆固醇，可以让肝脏在成年后更好地处理胆固醇。这样一来，胆固醇引起的心血管疾病在母乳喂养的孩子中发病率较低。这虽然只是理论，但很有道理。

3. 母亲的关爱也能让孩子更聪明

孩子的大脑发育在多大程度上受到乳汁的影响，又在多大程度上受到母爱的影响，仍是科学家们的研究课题。你已经了解母乳中的营养物质了，现在让我们分析一下哺乳时宝宝的大脑发生了什么。

我的儿科诊所也是研究宝宝大脑发育的实验室，我注意到，比起吃配方奶的孩子，母乳喂养的宝宝和妈妈有更多脸对脸、眼对眼的交流。妈妈的脸对宝宝的脑部发育是一种良好的刺激。

镜像神经元。镜像神经元理论是大脑发育方面最令人振奋的理论之一，它认为：当你看着一个人的眼睛，读懂他的表情，你们的神经回路会趋向共鸣。比如，当宝宝看着妈妈，而妈妈心里想："多可爱的宝宝，我太爱他了，他是世界上最重要的……"这种想法会从妈妈的眼睛里、表情上反映出来，被宝宝的眼睛捕捉到，进而让宝宝的大脑产生类似的想法。

哺乳过程中自然发生的眼神和肌肤接触，以及妈妈的表情，都会帮助宝宝发育中的大脑产生更多连接。

> **聪明的眼睛**
>
> 当科学家们研究母乳喂养和宝宝智力的关系时，也发现了母乳这种聪明药品的另一个好处：和配方奶喂养的宝宝相比，母乳喂养的宝宝视力更好，这在早产儿身上尤为明显。这既是科学研究的结果，也和科学家的观点一致，因为眼睛是大脑的一部分，对大脑好的东西对眼睛也有好处。跟大脑一样，眼睛的重要组织视网膜也含有很多"聪明的脂肪"DHA。

4. 母乳中有更聪明的微生物群

第七章可以让你了解过去十年中大脑营养方面最热门的话题，我会带你参观宝宝的第二大脑。在那里，科学家们发现了一个被称为微生物群的巨型"药店"。

西尔斯医生的母乳喂养故事

别胆怯！这里的"胆怯"指的是一个人说话不够直率、太软弱；讨好别人，却不够科学严谨。谈论母乳喂养的时候，我有时就会变得胆怯。早年我采取的是大家能够接受的方式："母乳喂养是最好的，但如果你不能或者不愿意……"我之所以胆怯，是因为即使我在世界上最好的两所儿科医院受过教育，但作为一个年轻医生，我还是不懂营养学——直到我升级做了父亲。

玛莎跟我结婚已经51年了，母乳喂养是她的本能，她会毫不怀疑地认为"我要给孩子喂奶"。19年中,她母乳喂养了我们的8个孩子。在研究了母乳中特有的促进大脑发育的营养物质之后,我才明白其中的巨大好处(要知道,21世纪初以前美国的配方奶生产商都忽视了有利于大脑发育的第一元素——DHA)。30年前,我决定进行一项实验,当准父母们向我咨询时,我假设他们都打算母乳喂养。后来有几位家长承认,一开始并没有下定决心,是因为我的建议才让他们做出了正确的决定。

我意识到,母乳是医生的好伙伴。我尽量说服准父母将来要频繁、长时间地哺乳,这对宝宝最好,他们也的确这样做了。

以下是我经历的几个故事。

股票经纪人约翰。一位新妈妈带着刚出生的宝宝哭着走进了我的诊所。我惊讶地问:"你为什么这么难过?"她回答:"我得回去工作,我老公还是个学生,需要我的收入。"我了解她内心的纠结,做母亲的本能使她想要全心全意陪伴孩子,尤其是在宝宝一岁以前,但同时又面临现代社会的经济压力。我认识这位妈妈的父亲——一位股票经纪人,老缠着我跟他一起投资。我跟她说:"等我一下……"然后就到隔壁的房间给她爸爸打了个电话:"约翰,听好了,我有个绝好的投资消息……"他对我居然给他打电话讨论"投资"大感惊讶。

"给你女儿点钱,让她在家里至少待上一年,为你外孙做一辈子最好的投资吧。"

他接受了我的观点,小宝宝得到了最聪明的投资。

公司法律顾问丽兹。这位新妈妈回到工作岗位之后,需要常常在洛杉矶和纽约之间出差。出差之前,她会挤出足够的母乳留给孩子爸爸或保姆,因为她决心不用"人造奶"。到孩子一岁左右,母乳没有那么多了,出差途中她会带上吸奶器,利用休息或者吃午饭的时间挤奶,放到宾馆的冰箱里，第二天请快递员把母乳寄给孩子爸爸和焦急等待的宝宝。有一次，这瓶"液体黄金"被误送到邻居家了。爸爸得知快递已经送达，透过邻居家的窗户，看到那瓶珍贵的母乳放在地上。于是，他征得邻居的允许，打破窗户，拿到了奶瓶。

> **聪明母乳的扩展阅读**
>
> 参见《西尔斯母乳育儿百科》，看看对于母乳的营养成分的详细分析，了解配方奶缺少哪些母乳拥有的营养成分。

聪明地使用奶瓶

有的妈妈可能得用奶瓶喂孩子（可能是配方奶粉，也可能是挤出的母乳），或者有时用奶瓶，有时哺乳，后者被称为混合喂养，这在上班的妈妈中相当普遍。要聪明地使用奶瓶，试试下面这些有利于宝宝大脑发育的技巧：

- 要把喂奶看作和宝宝之间最重要的交流，而不只是给宝宝食物。把奶瓶喂养想象成哺乳："在接下来的 10 分钟，我要帮助宝宝的大脑变得更聪明。"
- 抱着宝宝的时候尽量多进行肌肤和视线接触，还有表情的互动，跟你在哺乳的时候一样。
- 不要用奶瓶支架。儿科专家说了："宝宝的哺喂应该由人完成。"
- 确保你使用的配方奶粉能每天提供至少 200 毫克的 DHA。
- 如果有其他看护人，教他们这些喂奶技巧。

如果你选择国外生产的婴儿配方奶粉，要确保生产商可靠。儿童是一个国家最有价值的资源，我们必须对他们的喂养方式严加监督。

聪明的背法——宝宝背带

除了给宝宝聪明的乳汁，我还要教给你一些经过时间验证并有科学依据的养育方法，帮助宝宝有一个聪明的开始。

孩子被背在身上的时间越长，越可能聪明。我背宝宝的兴趣始于1984年，那个时候我正在研究孩子的智力水平和父母养育方式之间的联系。我向走遍全世界研究婴儿抚育方式的发育专家请教，他们不断观察到：大部分时间在婴儿床、游戏围栏、婴儿车中度过的孩子，看起来没有那些被父母用背带背在身上的宝宝满足。我开始思考，背着

和推着宝宝，哪一种方式更好。结果是：背着宝宝胜出！

30年过去了，我很高兴地告诉大家，把宝宝背在身上仍然是对大脑最有利的养育方法之一。

同时，我们开始制作各种背带来背我们的孩子，甚至创造出"把宝宝穿在身上"这种说法。其后的几年，我们请诊所里初为人母的工作人员试用背带，鼓励她们至少在宝宝6个月内带他来上班，她们在前厅背着宝宝上班，离生病的孩子远一点。

接下来，在关于孕期和育儿的课堂上，我们教父母怎么背孩子，也要求父母认真了解背带对宝宝的影响。

最后，作为一个注重科学性的医生，我注意到越来越多的儿科专业杂志开始推荐背带，认为这有利于宝宝的智力发展。背带对孩子有什么好处，接下来你就会知道。

我从来没有为孩子坐不坐推车费神，因为宝宝很喜欢我把他背在身上。

背带如何促进大脑发育

在20世纪80年代早期，我开始建议新手爸妈把宝宝背在身上，然后详细记录这种背法对母亲和孩子的影响。家长们常常告诉我："只要我把宝宝背在身上，他就心满意足。"这会如何影响宝宝的大脑发育呢？

简单来说，把宝宝背在身上之所以会让他更聪明，有3个因素：

1. 宝宝看到的
2. 宝宝感觉到的

3. 宝宝的运动

背着的孩子哭得更少。"哭得更少"是父母们能看到的最重要的影响。为什么哭得更少会帮助大脑发育呢？让我们看看宝宝的大脑。一开始，我认为这很简单，宝宝在哭上花的精力更少，就会有更多的精力用来成长，因为大脑消耗的能量比别的器官多。这有点道理，不过还有更深层次的原因。

当孩子被背着的时候处于安静警觉的状态。在这种神经状态下，宝宝的学习效果最好。安静警觉意味着宝宝的精神状态非常有序、放松。他们的眼睛和头脑都是打开的，大脑随时准备从环境中获得知识。把宝宝背在身上为学习创造有利的环境，就类似成人在完成某项任务时所说的"状态好"。

把宝宝背在身上的父母常用"心满意足"这个词来描述宝宝的警觉状态，此时宝宝的注意力具有选择性，也就是说，他们能注意到最有意义的外界刺激因素，忽略掉其他。这是孩子跟他人互动效果最好、从外界学习的最佳行为状态。

宝宝不习惯孤独和静止。他们有9个月的时间跟着妈妈的节奏运动。如果宝宝的大部分时间都待在小床上，父母或看护人只有喂食和安抚的时候才进来一下，那会怎么样？婴儿发育专家早就注意到，被"放在一边"的宝宝在运动和智力方面都可能发育较慢。

有位妈妈讲了这样一个故事："作为一位心理学家，我见过很多大一点的孩子和成人在感觉运动统合能力上有问题。我相信常常被背在身上的孩子，已经通过父母的所见所闻学到不少，长大以后会具有更好的感觉和运动协调能力。"

背着的孩子学得更多。孩子能融入大人的世界。宝宝被背着的时候，会研究妈妈的脸，看看有什么变化。他能看到妈妈看到的，听到妈妈听到的，这是宝宝学习语言和文化习俗的过程。我背着自己的孩子和孙子时意识到，在忙来忙去的看护人的臂弯里，孩子可以学到很多。洗碗的时候，宝宝会看到碗碟在水槽中进进出出；梳头的时候，宝宝从镜子里看着你的脸。你繁忙的工作和家务形成的大合奏，就是宝宝的学习体验。

孩子被背得越多，对视觉和听觉刺激越有反应。一个有刺激的环境对大脑发育很重要。宝宝听到或看到的任何有意思的东西，都会促进大脑神经生长、发育、形成突触。总之，把宝宝背在身上能帮助他们发育中的大脑建立正确的连接。

把孩子发育中的大脑想象成一个巨大的影像资料库吧。每次有类似的事情发生，大脑接收到提醒，就会开始重播更早的电影片段。举个例子，一位妈妈告诉我："我每次带着宝宝坐到摇椅上，他都会扭啊扭地换成平躺姿势，头往我的胸部凑，兴奋地等着喂奶。我得快点把衣服解开。""那就是因为孩子天天在你身上，学到了很多东西。"我回答。这也被称为关联模式。我还记得，每当我下班回家，指指门上挂着的背带，9个月大的马修就会很快向门口爬去，嘴里还嘟囔着他会的第一个字："走！"这时候在大脑影像资料库里，他最喜欢的爸爸回家、把他放进背带里散步的场景就开始重现。

背着的宝宝会学到什么？首先，他们会习惯父母的身体运动，更了解父母的面部表情、步伐节奏，还有声音和气味。因为参与了爸爸妈妈和看护人的日常活动，他们也会深入父母的世界。看护人到哪儿，宝宝就到哪儿，他们听到看护人说的话，看到看护人看到的世界。

> 我的工作是打扫房间，每天几个小时。我经常背着宝宝去上班。带着宝宝工作会帮助他了解我们生活的世界。

> **西尔斯医生的建议**
>
> 如果有人问你为什么总是背着宝宝,你可以愉快地回答:"我在帮他的大脑变得更聪明。"

背着的宝宝会更好地学说话。研究把宝宝背在身上对大脑发育的影响时,我注意到:背着的宝宝更留意大人在说什么,似乎觉得自己也参与其中——事实也的确如此。背着的宝宝更接近成人嘴巴和视线的高度,更能参与到对话中去。宝宝学到了交谈中的重要一课:如何聆听。交谈并不仅仅指说话,还包括你的肢体动作,宝宝也学会了观察说话者的身体语言。

背着的宝宝会聪明地运动。把宝宝背在身上也改变了他的运动方式。当妈妈背着宝宝,宝宝会想起在子宫中的步调,那种熟悉的节奏会让他安心。这称为前庭刺激,也就是大脑的平衡中心受到刺激,有助于大脑发育。背着的宝宝会跟着大人向各个方向运动(上下、左右、前后)。研究表明,如果孩子在上述几个方向都有运动,会比只有前后、左右运动的宝宝哭得更少。宝宝在子宫中早已习惯妈妈的步伐,现在会再次体验到这种节奏。

西尔斯医生背宝宝的故事。把宝宝背在身上,贴近看护人身体的时候,会自然而然地发生很多美好的事情。我喜欢把孩子贴在胸前的皮肤上,让他的耳朵听着我的心跳。我带第六个孩子马修的时候,他趴在我的胸口睡觉,每次我做个深呼吸,他也会跟着做。有时候,我口鼻呼出的气息拂过他的头顶,他也会呼口气。我们称之为"神奇的呼吸"。

记住，当宝宝靠在看护人怀里，跟着他忙碌时，会学到很多东西。

背着的宝宝会聪明地谈话。 父母说话的时候，孩子会学到很多。我背着孩子散步会边走边说。马修可能对树上的叶子感兴趣，我就会讲讲树叶如何在微风中摇摆，鸟儿如何落在树枝上，又飞向天空。即使宝宝还一个字都不会说，他的大脑就已经在学习语言。你的臂弯就是宝宝的第一所学校。

可能你从来没有想过，跟孩子说话会帮助他们的大脑发育，但这千真万确。如果有人问你为什么跟孩子有那么多话说，你就回答："我在帮助他的大脑发育。"语言不只是使用字词，还意味着交流。在小宝宝开始遣词造句以前，就已经开始交流了。新生儿就知道用声音和姿势来获得注意，让大人满足自己的要求。

史蒂芬的故事。 我们的第七个孩子史蒂芬与众不同——他有唐氏综合征。史蒂芬出生于1989年，那时玛莎跟我正在研究背着宝宝对大脑发育的影响。史蒂芬几个月大的时候，我用背带背着他去参加一个讲育儿问题的会议。旁边有两位来自赞比亚的女性，她们也有背宝宝的传统。我向她们请教，为什么在她们的文化中，人们长时间把宝宝背在身上。一位女士回答："这让妈妈的生活更轻松。"另一位回答："这对宝宝好。"这些母亲本能地知道背着宝宝对孩子有好处，根本不管有没有科学根据。即使研究证明，这两位赞比亚母亲的看法正确，我仍然不时想起她们那两条简单而深刻的理由：背着宝宝对他有好处，也会让妈妈的生活更轻松。

把宝宝背在身上——9个月以上。如果你想想宝宝在最初18个月中的姿势，就容易理解背着宝宝的作用了。他们9个月在子宫中，9个月在外面的世界。子宫的环境天然约束着宝宝，分娩暂时解除了这种约束。宝宝越快从外部获得约束，就能越快摆脱离开子宫带来的困扰。背着宝宝延续了子宫中的体验，爸爸妈妈用外部的约束装备平衡了宝宝无序紊乱的倾向。

> 宝宝的大脑发育需要18个月的"子宫"体验。

当宝宝把耳朵贴在妈妈胸口的时候，妈妈的心跳是那么美好、熟悉、有规律。当你肚子贴肚子、胸贴胸地把宝宝背在身上时，宝宝能感觉到你呼吸的节奏。简单来说，父母的呼吸节奏可以安慰孩子。这种平衡会帮助宝宝的大脑发育。

一个宝宝的背带故事。一对新手爸妈来寻求帮助："我们收养了一个孩子,那时候她才3个月大,现在7个月了,如果不抱着她,她就不高兴。只要放下她就尖叫,直到我们把她抱起来,或者她自己喊累了。这是孩子必须经历的阶段吗?朋友说我们总这么抱着她,把她都惯坏了。"

我对他们说:"恭喜你们收养了一个宝宝。我们的第八个孩子也是收养的。宝宝有你们这样的父母真是太幸运了。虽然总抱着她让你们觉得很累,不过那说明宝宝想跟你们在一起,这是件好事。而且,更重要的是,宝宝很聪明,她知道表达自己深层次的需求(对更多拥抱和抚摸的需求,宝宝本能地要告诉看护人)。你的宝宝能够表达她的需求,而且勇敢地告诉你要怎样做才会让她茁壮成长。

"为了生存,孩子从一生下来就能告诉看护人需要什么样的照料。通常,最初几个月被抱得不够的孩子,会习惯看护人的照料方式,然后渐渐失去动力,不再表达自己的需要。幸运的是,你们的孩子还没失去这种表达需求的能力。"

接下来,我向他们演示,如何一边在家里干活,一边把孩子背在身上,尤其是周末和下班以后。收养孩子的父母需要特别的方式来跟孩子建立联系,这至关重要。我鼓励妈妈:"享受这个还能抱在怀里的阶段。一旦宝宝学会了站立和走路,就会吵着要下去,而不是被抱着。记住,抱在怀里的这个阶段只是孩子一生中很短的一段时间,但那种亲密无间的记忆将会让你们终生难忘。"

祖父母背宝宝。在中国和一些经济发达的国家,祖父母会在父母工作的时候帮忙照顾孩子。背着宝宝会减轻他们的负担。如果父母在宝宝出生后正确地背着他,宝宝会很自然地接受祖父母来背他。

聪明的抚摸

你跟宝宝之间最好的互动之一，就是每天花几小时享受肌肤之亲。皮肤是人体最大的器官，有大量直接连接大脑的神经纤维。让宝宝贴近你的胸膛和脸颊，充满爱意地抚摸他，想象皮肤将信息传递给大脑，大脑则说："感觉真好！"大脑中接收皮肤感觉的那部分面积很大。抚摸宝宝，可以让他知道自己是受到关爱和重视的。

通过研究那些无人抚摸的流浪儿或孤儿，神经学家了解到了抚摸对大脑的益处。那些孩子不仅身体发育停滞，智力发育也有同样的问题。也许这就是动物妈妈们花很长时间舔舐幼崽的原因。研究发现，当动物宝宝被妈妈舔舐时，它们的大脑中会产生快乐激素和成长激素，舔舐还有全面的镇静作用。记住，只有在孩子不需要长时间应对压力

科学说：聪明的抚摸

常常抚摸孩子有以下好处，神经科学家称其为抚触疗法：
- 促进大脑发育
- 促进大脑各中心有序工作
- 促进骨骼和身体发育
- 促进消化
- 让免疫系统更健康
- 提高长大后应对压力的能力
- 减少焦虑和易怒
- 提高成长激素水平

时，他们的大脑才会发育得更好。

在本章前面已经谈到，通过母乳喂养和把宝宝背在身上，你和宝宝已经有不少亲密接触的时间。除了这两种对大脑发育有利的办法，贴身接触可以让宝宝对接下来的拥抱做好准备。

如果宝宝紧张不安，不要忘了有安抚作用的按摩，尤其是在一天结束的时候，这是一段欢乐时光。

聪明的拥抱。拥抱是大脑发育的好帮手，也是语言之外最令人快乐的交流方式。在孩子刚刚起床时，用拥抱来开始新的一天吧。把拥抱融入管教之中。如果孩子因为淘气受到批评，最后要给他一个拥抱，表达你的爱意。不时尝试熊抱——把宝宝抱起来双脚离地。足够的拥抱会促使孩子形成良好的交流风格。有的社会文化偏好恭恭敬敬的鞠躬，有的则喜欢拥抱，这些做法都有道理。对大一点的孩子来说，入睡前的拥抱可以充满爱意地结束忙碌的一天。

更多的抚摸带来聪明的宝宝

上网查一下，看看早期抚触、拥抱宝宝、亲子互动和大脑发育之间有什么联系，你会发现有不少出色的研究已经证明了很多聪明的父母早就知道的事实：背宝宝的时间更多，跟宝宝的肌肤接触更多，跟宝宝说话玩耍的时间更多，孩子就会更聪明。这也是本书要说的——你跟孩子的亲子互动会帮助他们变得更聪明。

聪明的交谈

你刚刚了解了为什么把宝宝背在身上有利于他的大脑发育,再来看看如何聪明地跟宝宝说话。抱着宝宝的时候,你会跟宝宝有更多的交流。你不必专门教宝宝说话,他在听的过程中自然而然就学会了。语言不只是使用字词,还意味着沟通。即使是新生儿,也知道用声音和姿势来吸引你的注意,获得食物和安抚。

我们在聊天。

我们在聊天。

回应宝宝的信号。回应宝宝的信号有助于他的大脑发育。当宝宝摆出"抱抱我"的姿势,就希望有人把他抱起来,这种信号——回应的模式储存在他迅速发育的大脑中,被称为"关联模式"。要不了多久宝宝就知道了："只要我这样抬胳膊，就会有人来抱我。我喜欢！"

宝宝知道视线接触也是一种交流。他们也知道轮流说话是一种基本的交谈和社交技巧。跟宝宝说话的时候，妈妈习惯用一种渐渐升高又渐渐降低的音调，思考下一句的间歇会有停顿。即使妈妈一个人在说，也好像在跟宝宝对话一样。母婴互动的视频资料显示，孩子会随着妈妈说话的节奏活动，使用身体语言而不是字词来跟妈妈互动。聆听的艺术是这种沟通和社交技巧的重要开始，也是通向成功的钥匙。

父母跟宝宝交流的特殊语言被称为"妈妈语"。他们说话的时候音调升高，语速变慢，比如："好——宝——贝——"说话的时候，面部表情会自然地变得开心，眼睛也会睁得大大的，引起孩子的注意，好让他们专心听。父母通过夸张的语气或面部表情传达某些特别的信息。他们说话的方式，比所说的内容更有利于宝宝的大脑发育。

> 我是个"话痨"，所以两个孩子沟通能力也很强。从他们出生起，我就经常跟他们说话。我不假思索地给他们唱歌，他们很早就有回应。我并不模仿孩子的腔调，而是正常说话，也许声音有点不同，不过用词是一样的。

有利于宝宝大脑发育的说话技巧

保持视线接触。在开始交谈之前看着宝宝的眼睛。那样可以吸引他们的注意，得到他们的回应。

多提宝宝的名字。宝宝 3~6 个月的时候，开始明白他们常常听到的名字属于自己。他们会把那个特别的声音（比如"明明"）跟自己联系起来。那说明有人在关注着他，他很特别。

加上韵律。孩子喜欢押韵的东西。我们家管这叫"韵律至上",比如"要打架,就罚下"。要让孩子牢牢记住规矩,可以让他们重复这些押韵的句子。

要绘声绘色。如果说话的时候加上有趣的动作,宝宝更容易记住,他们喜欢手势语言。比如"跟奶奶说拜拜"的时候,加上挥手,就会加深这句话给宝宝的印象。

问宝宝要什么。"小明要吃奶吗?"在很多社会文化中,妈妈问问题的时候,会自然而然地抬高句子结尾的声调,还会停顿几秒钟,好像在等待宝宝的答复。这教会孩子交谈和倾听的自然节奏。

唱,唱,唱! 在宝宝的大脑中,唱歌可能比单纯的说话用到的语言中枢更多。各个年龄段的孩子都喜欢反复听到的歌曲,尤其是爸爸妈妈唱的。列出宝宝最喜欢的10首歌,反复给他们听。宝宝喜欢重复。

手势语言。记住,语言不仅是孩子嘴巴发出的声音,也包括面部表情和肢体语言。在宝宝9个月到一岁的时候,教他们用手势表达,比如到了吃饭喝水的时候,假装拿一个杯子放到嘴边,或者手指并在一起碰碰嘴唇。做手势让学说话变得有趣,也让孩子在能正确说话之前对自己的交流能力建立信心。

模仿宝宝的声音。宝宝会观察别人的嘴,模仿舌头和嘴唇的运动方式。父母可以通过有趣的声音、夸张的词语来鼓励孩子不断重复模仿。模仿孩子的声音会鼓励他们练习并尝试新的说法。

> 宝宝开始发出声音时,我会重复他的声音,同时说出他可能想说的词。

拓展宝宝的信号。当宝宝的嘴巴做出想吃东西的动作时,你可以问:"哦,你要吃奶吗?"如果宝宝指着天上说"脑",你可以加上:"嗯,鸟在天上飞……"宝宝开始表达想法的时候是很好的教育机会。

享受餐桌谈话。吃饭的时候,宝宝不仅从食物中获得营养,也从听到的对话中获益。尽量一家人一起吃饭。当孩子渐渐长大,餐桌交谈也从童言童语变成了大人的话题,比如政治、经济、家族事务以及时事。当然,你还要问问孩子学校当天发生的事情。

保持简短。你的话越长,宝宝就越可能失去兴趣。跟宝宝说话应该只有两三个词语,每个词只有1~2个音节。元音要特别突出,比如"宝(-ao)贝(-ei)"。孩子越小,句子越短。使用简短的音节是跟低龄孩子交流的有用技巧。很多年以前,为一个电视节目做准备的时候,我特意去上课学习如何在电视节目上与人交流。在课上,我想象自己在跟孩子交谈。要抓住孩子的注意力,你得使用简单的音节,说话时还要手舞足蹈。如果孩子不能重复你的问题,那你的话就太长、太复杂了。在教孩子如何说话、如何听话时,我践行的是童子军的口号:简单,好玩。

跟真实的人说话。宝宝在真实生活中听真人说话能学会更多。音像制品、电视和广播达不到同样的效果。这是因为宝宝需要看到说话的人,甚至需要摸到他们。

不断地说。当你照顾宝宝穿衣、洗澡、换尿布的时候,可以一边做一边说。爸爸在这方面尤其擅长,可以表现得像体育解说员一样:"现在爸爸要脱纸尿裤了……现在我们穿上干净的……有个宝宝想要爬走啦……"做饭的时候,也可以说说你在做什么:"妈妈在煮汤,看看这锅汤,蛋花在里面翻腾呢。"

纠错的时候要当心。记住,想让你的话对宝宝的大脑发育有利,并达到交流的目的,得让孩子自然而然地说话,而不是被动地回应大人,或是担心:"我说得对吗?"在我的诊所,我向那些抱怨孩子说话不流畅的家长们强调,在发展语言能力的过程中有一点非常重要:"在孩子学会正确地表达之前,得让他们乐意表达。"记住,你正在教育的是一个未来的传播者,他也许会成为一名演说家、管理者、教师、演员,或者其他需要自然流畅地表达的人。小时候,孩子的语言直率得好笑。不用着急纠正语法,这是以后的事。

还要记住另一个道理:正确的说话方式不是教出来的,而是逐渐学到的。当孩子对你童言无忌,用你习惯的语言方式答复他就行,要好玩,不用刻意纠正。孩子不断发育的大脑,会慢慢把你的"纠错"储存归档。太早要求孩子说话完美,会让他害怕说话,变得交流不自然。

叫孩子的名字。我小的时候,爷爷总是在开始聊天前叫出对方的名字,那给我留下了很深的印象,因为这让对方感觉你对他有兴趣,他很重要。多年以后,当我从医学院毕业找工作的时候,这个习惯帮了我的忙。我问面试官他们为什么选择了我,毕竟有那么多看起来更合格的人。面试官告诉我:"在面试过程中,你叫出了我们的名字,那给人印象很好。"

你可能会觉得这有点傻,不过你正对着说话的小人儿有着发育中的大脑,他们听到什么都会有反应。

语言能力是孩子未来能否成功的关键。你的孩子将会通过表达、介绍自己进入大学,找到工作和合适的伴侣。同样,通过发展良好的倾听能力,孩子也会从别人身上学到很多。

聪明的聆听和回应

帮助大脑发育，不仅取决于如何跟孩子说话，也在于如何聆听。充满关注、积极回应的育儿方式能帮助宝宝的大脑在关键的时间点学习。有一次，我参加美国儿科学会组织的关于开发大脑的会议。研究者们达成的共识是，看护人对婴儿发出信号的回应，是影响孩子智力发育的最重要因素。你可能早就知道宝宝哭喊需要你的回应。教给你一种早期大脑开发的技巧，那就是即使在孩子还不会说话的时候，也要设身处地站在他的立场想一想："如果我是宝宝，会期待爸爸妈妈做出什么样的回应？"

另一种技巧是：教宝宝在你说话的时候看着你——"丽丽，看着我。""小明，听妈妈说话。"在教导前先跟宝宝建立亲密关系。

儿童发育专家认为，要培养聪明的大脑，需要孩子与人互动，而不是与东西互动。不管给孩子多少早教课程、玩具和节目，也无论孩子多大，父母都是孩子生活中最重要的老师。孩子的智力发育不是由你给他买的东西、给他报的兴趣班决定的。玩具很好玩，课程很有帮助，但最重要的还是你为他们做了什么。

聪明的看护人

在大脑快速发育的阶段，尤其是5岁以前，孩子从祖父母、保姆等其他看护人那里学到了很多，他们会被真心爱自己的人牢牢吸引。

展示和介绍。告诉保姆，你想要宝宝得到什么样的照顾。你知道什么对孩子最好，帮你照顾宝宝的人也应该知道。比如，你希望看护人能体贴地回应孩子的哭喊，不喜欢让孩子哭个够。还有，虽然看护人不能通过哺乳把孩子哄睡，但可以提供安抚。任何喂养宝宝的看护人都可以安抚他们。

我们发现，让小宝宝接受新人照料最好的办法，是让看护人学会背宝宝，就像你在前面学到的那样。这样宝宝会很快熟悉看护人。看护人背宝宝的方式跟父母越像，就越容易被宝宝接受。祖父母对孩子有自然的亲情，因此很容易上手。事实上，祖父母还可以把自己的经验和智慧传授给新手爸妈，尤其是在教育孩子的问题上。有一次，我在诊所看到一个孩子的T恤上写着："妈妈今天心情不好，请致电1-800-奶奶。"

看护人喜欢孩子吗？ 孩子能察觉到看护人是否喜欢自己。你下班回家以后，看看帮你照顾宝宝的人是否疲倦、生气或者焦虑？母性本能有没有告诉你，看护人和宝宝是否相处融洽？

宝宝喜欢看护人吗？ 宝宝熟悉看护人需要几周的时间，观察宝宝是否喜欢他。比如，在看护人过来和离开的时候，宝宝是否愿意拥抱他？

告诉看护人什么有用，什么没用。记住，你最了解孩子，其他人则需要一个学习的过程。告诉他们，宝宝喜欢什么食物、哪种喂养方式、哪种大脑开发游戏和运动。当然，看护人带来的新鲜事物也对孩子的智力发展有帮助。母亲对我做得最高明的一件事，就是在我学东西最快的阶段让几个合适的看护人照顾我。她是一位单亲妈妈，工作时间很长，很多时候是由一位充满爱心的看护人代替她照顾我。母亲也尽力保证看护人的稳定，不会常常换人。当孩子刚刚与看护人产生感情，就被迫分开，适应下一位看护人，会让孩子非常难过。孩子没有办法理解为什么他们喜欢的人某一天突然不见了。如果你不得不换人，尽量做到循序渐进。

让孩子被聪明人包围。朋友、亲戚、保姆、教练等所有跟孩子长时间待在一起的人，都是重要人物。在孩子 10 岁以前，身边人的陪伴尤其重要，这个阶段的孩子会从这些人身上学到很多，而且对他们深信不疑。

快乐妈妈，聪明宝宝。我在诊所常看到新妈妈不仅很累，而且心情不好。有时，我会关心地问："你做了妈妈开心吗？"她们常会回答："不开心。我睡不好，工作压了一堆事，都是为了照顾孩子，还没有什么人帮我。"

曾经人们认为，妈妈是世界上最厉害的多面手。现在，妈妈还是多面手，但有时候她们要做的实在太多了，甚至耗尽了照顾孩子的精力。

如果妈妈的压力太大，持续几周的时间得不到帮助，宝宝的情感发育可能会放慢。在过去几十年中，神经学家已经注意到母亲得不到关注和理解、长时间压力过大跟婴幼儿的发育滞后有关。妈妈们，如果你们出现这种情况，请尽快寻求帮助。孩子需要你这样做。

> 宝宝需要快乐的妈妈。

第三章
孩子的饮食：聪明的食物

我们对如何培育最聪明的大脑简单地做了概述，你已经了解在身体所有的器官中，大脑受营养的影响最大。对儿童大脑发育有利的食物有两大类：聪明的脂肪（主要来自海鲜）和聪明的抗氧化物（蔬菜和水果）。

美国的肥胖问题

背景。美国正面临严重的营养危机,这个问题也在渐渐影响中国:孩子们吃掉数量惊人的垃圾食品,造成了许多大脑方面的疾病,尤其是在年龄较小的孩子中。希望你们吸取美国的教训,让孩子在大脑发育最快的时候——3岁以前,培养良好的饮食习惯。孩子在这时养成的饮食习惯会影响大脑一生的健康。

美国的疾病和 SAD。标准美国饮食(Standard American Diet,简称 SAD)会让孩子生病。儿科医生发现,营养问题造成的大脑疾病在美国越来越普遍,希望中国可以避免这种情况。我会跟你们分享一些经验教训,看看过去 10 年中可怕的统计数字:

- 2000 年,美国疾控中心预测:"除非美国人改变饮食和生活习惯,否则 1/3 的孩子将来会有糖尿病的问题。"可悲的是,这个预言正在变成现实。更可悲的是,受糖尿病影响最大的器官就是大脑。
- 为 5 岁以下儿童开出的精神疾病药物增长了 10 倍。
- 学龄前儿童使用的情绪治疗药物,提神和镇静作用的都包括在内,增长到了原先的 3 倍。
- 2～4 岁儿童的利他宁① 处方翻了 3 倍。
- 博加卢萨心脏研究揭示,60% 的 5～10 岁超重儿童,已经出

---

① 帮助儿童安静并集中注意力的药物。

现了心血管疾病的前兆。心血管疾病迟早会导致脑血管疾病，变成脑部的问题。

- 很多孩子都服用降低胆固醇的药物，然而胆固醇其实是大脑组织重要的组成部分。如果我们干扰儿童体内天然的胆固醇产生机制，可能也伤害了大脑。
- 最近10年最重要的问题——自闭症，每80个儿童中就有一个患有自闭症。
- 最后，美国还存在一个问题，那就是很多学校都位于污染严重的地区。这个问题特别棘手，因为毒理学家早就知道，儿童尚不成熟的免疫系统特别容易受到环境中有毒物质的影响，这被称为"烟囱效应"。

关于大脑健康食物，我在哈佛的经历。我曾经受邀在哈佛医学院的一次营养学大会上演讲，分享我们为促进儿童大脑健康发育而进行的"苗条起点项目"的成功经验。讲完以后，我请听众提问题。大家的第一个问题是："如果孩子吃得太多怎么办？"

"只给孩子真正的食物，他们不会吃太多的。"我回答。

"孩子需要低脂饮食吗？"一位听众问。

"不，他们需要合适的脂肪。"

"孩子是不是吃油太多了？"

"你得给他们吃健康的油。"我说。

"孩子应该采用低碳水化合物饮食吗？"一位营养专家问。

"不，他们要多吃碳水化合物，"我纠正道，"为了获取养料，大脑喜欢脂肪和碳水化合物，但要给孩子吃合适的脂肪和碳水化合物。"

为了加强重点，我向这些可敬的听众指出，发育中的大脑有60%都是脂肪，而碳水化合物是其主要的能量来源。

"我们应该给父母提供更多营养方面的教育吗？要教些什么？"有人问道。

"只要让他们为孩子提供合适的食物就好了。"我说。

会议结束以后，一位年轻的医学院学生向我致谢，因为我对饮食原因造成的大脑健康问题提出了最简单的解决方案：吃真正的食物。

我遇见的"纯粹妈妈"。现在你已经发现了，我把自己的诊所当成了实验室。我想看看孩子3岁以前吃的东西和他们的大脑及行为发展之间有什么关联，以及其中的原因。我注意到，有些妈妈从来不让孩子吃任何垃圾食品，至少在两三岁之前是这样，我把她们称为"纯粹妈妈"。从妈妈的乳汁开始人生的这些"纯粹宝宝"，继续从妈妈的厨房里得到真正的食物。他们吃的是新鲜烹制的蔬菜，而不是罐头食品。这些是真正的食物。

这些孩子是用营养丰富的"成长食物"养大的。他们在整个幼儿时期都这样吃饭，饿的时候吃，饱了就停下。这些家长践行的是"我们"原则。他们教给孩子的是："这是我们的信仰，这是我们穿衣打扮的方式，这是我们说话的方式。"就是这么简单而纯粹。

如果孩子对垃圾食品感兴趣，这些目的明确的妈妈会充满爱意却坚定地回答："我们家不吃那种东西。"她们做的食物不仅纯粹，而且有趣。她们会跟孩子一起在菜园里劳动，一起收获。

老师注意到的区别。最让人兴奋的结果发生在学校里。老师发现，这些孩子在学校特别讨人喜欢。他们很少请假，更容易集中精神，更少发脾气，成绩也更好。这些孩子的大脑中发生着什么？从小培养孩子的口味，让大脑终身受益。

培养孩子的饮食习惯

医学上把培养孩子的饮食习惯称为"代谢程序化",这是营养学研究一个新奇而激动人心的领域,主要关注早期饮食体验和成人大脑问题之间的联系。关于口味培养,我注意到的主要影响是在孩子第一次吃到不是"真正食物"的时候。

代谢程序化——决定大脑健康的早期因素

新陈代谢的持久影响是一个崭新而激动人心的研究领域,关注早期饮食体验和成人疾病的联系。研究发现,母乳喂养的孩子比其他孩子长大后的胆固醇水平低,因此揭示了上述联系。这种理论认为,母乳中含有配方奶缺少的胆固醇,母乳喂养的孩子的身体更会处理胆固醇,因为他们的这种身体机制早就开始起作用了。

"持久影响"这个说法在代谢程序化领域很受青睐,因为这有不容易遗忘的意思。在很多方面,父母都希望能对宝宝有持久的影响,比如信仰和道德,他们希望孩子将来即使一时偏离方向,最终也会回到深植于心的早期习惯上来。但父母往往忘记了营养上的持久影响。早期肥胖(吃得太多但实际上营养不良)跟未来糖尿病的关系,是营养学持久影响研究中一个最让人痛心的例子。

在写作此书的时候,新陈代新或者说营养状况的持久影响还处于研究的起始阶段。我们应该让孩子早日形成记录真正的食物良好影响的基因密码。孩子长大成人后,将更容易拥有健康的身体。

代谢程序化的研究人员相信，儿童时期是最重要的阶段，可以让孩子养成终身保持的饮食习惯，长成健康的成年人。这可以称为"程序化时期"。孩子细胞中的遗传密码会"记住"饮食模式，并通过持续提示"这才是你应该吃的东西"，把这种模式变成一种持久的习惯。如果孩子经常吃真正的食物，基因会记录食物产生的影响，让孩子尽快生成这种密码。久而久之，当孩子长大成人，就会更喜欢有利于大脑健康的食物。这是有道理的：在大脑花园中播下聪明的种子，就会结出聪明的果实。

给 1～5 岁孩子聪明食物的 5 个理由

在了解聪明的食物之前，我们复习一下重要的几点。农夫会在庄稼生长最迅速的季节小心地灌溉、施肥。对于孩子来说，这个"季节"就是 1～5 岁。

1. 喂养飞速发育的大脑。在宝宝一生中，1～5 岁是大脑发育最快的阶段。两岁的时候，大脑就达到出生时的 3 倍大小，5 岁的时候达到成人大脑的 90%。到了 6 岁，孩子的神经元突触是一生中最丰富的。在其后的儿童时期，大脑会选择性地修剪掉没用或没必要的神经通路，就像你修剪花园中的枯枝一样。这个时候父母应该做什么呢？那就是在大脑发育最快的时候给孩子最聪明的食物。

2. 保护小小"婴儿肥"。60% 的大脑组织都是脂肪。有害的食品添加剂或污染物质大部分都储存在脂肪组织中，而大脑大部分都是脂肪。父母必须做什么？孩子需要合适的脂肪，而不是低脂饮食；需要聪明的脂肪，而不是让他变笨的脂肪。不要给孩子吃有人工化学添加剂和杀虫剂的食物。

给学龄儿童的聪明脂肪

接下来，我们会了解一个简简单单的改变——给学龄儿童聪明的脂肪，会带来什么样的变化。2005年，美国最权威的儿科学杂志《儿科学》发表了一个精彩的研究报告，被称为牛津－达勒姆研究。研究人员每天给有学习障碍的学龄儿童一定剂量的Omega-3，并记录他们在注意力和学习能力上的进步。其中一个例子是：一个6岁的男孩，总是动个不停，不能集中注意力，也不能好好写字。

这是他吃鱼油之前写的字：

[手写字迹图：to qay mrstwpt @qct for theworms on hps spaghetpnr Twpt thent up qreally clevertrpck]

这是吃了3个月的Omega-3（EPA/DHA）之后写的：

[手写字迹图：To pay Mrs Twit back for the worms in his spagetti Mr Twit thought up a really clever trick]

3. 大脑会消耗大量精力。对于正常成长的孩子，发育中的大脑会消耗他们从食物中得到的50%的能量。成人大脑消耗的能量是20%～25%，远远低于儿童。显而易见的是：花园里植物长得越快，需要的水分和养料就越多。家长应该做什么？给孩子真正的食物，为大脑发育提供最高能量。

关于大脑和脂肪，另一个值得注意的方面是氧化作用，这是一种自然过程，不过有时对于像大脑这样高度活跃的人体组织，也是有害的。你有没有觉得，工作太忙时会精疲力竭。你很快就会了解，大脑需要很多抗氧化食物来对抗氧化作用。

4. 大脑需要稳定的能量供应。跟肌肉这种高能耗组织不一样，大脑不会储存葡萄糖。那父母必须做什么？要常常给宝宝喂小份的食物，缓慢地为大脑输送能量。碳水化合物能缓慢地释放能量。孩子的大脑并不是天生需要快餐的，而是需要缓慢释放能量的真正食物。

5. 孩子的大脑很脆弱。你已经知道，孩子的血脑屏障在儿童期还没有发育完全，垃圾食物和环境毒素可能会渗透进去。孩子越小，你给他们的食物就应该越纯粹。

食物如何影响大脑发育

儿童发育中的大脑中受食物影响最大的是4个部分：
- 细胞膜
- 线粒体（内部的电池）
- 髓鞘（保护神经的脂肪绝缘体）
- 细胞之间的连接（突触之间的神经递质）

由营养不良引起的疾病被称为营养缺乏症，让我们接下来深入孩子的大脑，看看食物是如何影响大脑运行的。

营养不良的细胞膜——大脑发育不良的根源。孩子的发育是由于细胞们不断生长和分裂。健康组织 Health 101[①] 认为，身体的健康程度取决于细胞的健康程度，发育中的身体和大脑尤其如此。在这个阶段，细胞每分钟都分裂数百万次。脑细胞被细胞膜包裹起来，这层富有弹性的薄膜有效地保护着内部组织，能量在这里产生，基因在这里复制，生化反应在这里进行。细胞膜还跟旁边流经的血液产生交换。食物中的营养从细胞膜的毛细管中进入细胞，滋养基因，以及被称为线粒体的小小能量机器（参见第 9 页图）。

关于细胞膜，你一定要知道它具有选择性。这种生化作用被称为渗透性，也就是能让细胞需要的营养物质进入，同时过滤掉有害物质。不过，营养不良的细胞膜会变得僵硬，营养物质进不去，有害物质也出不来。当细胞膜不能正常发挥作用时，整个身体就不能正常运转了，就会生病。

你应该知道细胞膜的两个特点：

- 它们大部分由脂肪组成。
- 细胞膜的表面有数百万个小小的"停车位"，在生物化学中被称为"受体"。血液中的营养或化学物质会通过这些受体进入细胞，而细胞膜会事先分辨，它们对细胞有利还是有害。

从另一个角度来看，这些受体就像锁，被称为神经递质的"化学信息传递员"就像钥匙。真正的食物可以喂饱这些传递员，"假的"食物则不行。钥匙对了才能开锁，才会让大脑真正健康。钥匙插错了锁孔，大脑就会生病。这能让你理解，真正的食物如何让细胞变得更健康，并预防营养缺乏症，而"假的"食物会造成孩子缺乏营养。

作为"钥匙"的神经递质主要由蛋白质组成，而作为锁的受体主

---

① 美国的一个健康组织。

要由Omega脂肪组成。可惜标准的美国饮食中这两种营养成分都不足，尤其是早餐。

有一天，我跟一位家长探讨，如何帮助孩子在学校表现更好。在询问过孩子摄入的油脂种类之后，我特别想说："孩子的大脑中都是不合格的东西。"

假设你在建造细胞，希望它们拥有最健康的细胞膜。你自然想要选择最合适的建筑材料，这也是身体的本能智慧。细胞膜的第一项建筑原料就是脂肪，脂肪越健康，孩子就越健康。就是这么简单！

如果孩子没有摄入足够的Omega-3脂肪，他们发育中的大脑就可能发生下面的情况：

1.在细胞膜的"墙壁"上，锁和钥匙不匹配，细胞膜不知道该怎么选择。结果可能就是，没有足够的营养物质进入细胞，有害物质也排不出去。如果大脑细胞膜不够健康，细胞就不够健康，整个大脑也不够健康。

2.神经不会迅速运作。每一个大脑细胞都有延伸出去的"枝丫"，就像章鱼的触手一样。这是大脑细胞互相交流、传递信息、储存记忆以及跟身体其他部分交流的工具。

3.不能产生足够的髓鞘。髓鞘是让神经快速运作且沟通顺畅的物质，就像电线上的绝缘体一样。髓鞘主要由脂肪构成，尤其是Omega-3脂肪。家里的电线绝缘越好，电流传播就越安全高效。如果髓鞘得不到足够多的Omega-3，就会"磨损"，孩子也会变得糊涂、健忘。

阿拉斯加宝宝的故事。在我研究给宝宝大脑的聪明食物时，花了一周的时间跟阿拉斯加人一起打鱼、学习。我留意到，有的妈妈和外婆给才7个月大的宝宝喂三文鱼鱼子，她们真是太聪明了！大概7个月的时候，宝宝开始用大拇指和食指捏东西，而且很喜欢实践这项新技能。用这种"宝宝手指筷子"，抓起弹力十足的鱼子（跟豌豆差不多大小），然后一口一个吃掉。在阿拉斯加，这是用手吃东西的开端。

帮助宝宝大脑发育的油脂

亚洲的大部分烹饪用油都对大脑发育有利。下面有一些建议，你可以在家中做出一些更健康的改变。

多吃	少吃	基本不吃	尽量不吃
• 海鲜 • 鱼油补充剂 • 亚麻子油 • 橄榄油 • 坚果和坚果油[①] • 初榨椰子油[②] • 牛油果油	• 玉米油 • 葵花子油[③] • 红花油[③] • 大豆油[④]	• 红肉等动物脂肪 • 市售的烘焙类食品 • 炸薯条和大部分快餐 • 圈养的牲畜	• 氢化油或酯化油 • 棉籽油[⑤] • 菜籽油[⑥]

① 坚果油，比如花生油就很适合烹饪。
② 很多人对椰子油有一种不科学的认识，认为它是"饱和脂肪"，不过由于其生物化学结构上的原因，椰子油在人体内并不会像饱和脂肪那样发生作用，也不会像肉类中的饱和脂肪那样引起血管硬化。除此之外，新的营养学研究发现，"饱和脂肪"也没有那么不健康。还有，椰子油中的中链甘油三酯可以提升痴呆症病人的感知功能，对肠道健康也有好处，对需要增加体重的婴儿尤其有益。
③ 葵花子油和红花油中的油酸不仅保质期更长，也有助于降低血液中的脂肪水平。
④ 只要你多吃第一栏中的油类来平衡，就算健康——这是 Omega-3 和 Omega-6 之间的平衡。
⑤ 这种便宜的油最容易含有杀虫剂，其 Omega-6 和 Omega-3 的比例（超过 200:1）也最有可能造成人体的炎症。
⑥ 经过过度加工和化学处理。

食物对大脑发育的影响

帮助宝宝大脑发育最重要的东西就是食物，下面是我们的总结：

大脑的运转	大脑需要的食物
• 60% 的大脑组织是脂肪。 • 发育中的大脑会消耗掉 50% 来自食物的能量。 • 发育中的大脑由于新陈代谢很快，会产生很强的氧化作用。 • 发育中的大脑组织对加工食品和化学添加剂更敏感。	• 摄入含有聪明脂肪的饮食。 • 为了补充能量，摄入聪明的碳水化合物。 • 丰富的抗氧化物。 • 吃真正的食物、坚持"纯粹"饮食。 • 少食多餐：一顿少吃点，多吃几顿。

现在你游览了宝宝的大脑，相信已经对聪明的食物造就聪明的大脑有了一定的认识，下面我们来了解可以给宝宝的聪明食物。

聪明的脂肪

我在中国营养学会做过一次关于海鲜有益大脑的演讲。中国卫生部门已经开始发现一种不健康的趋势：亚洲人吃得越来越像美国人，大脑出现的问题也越来越像美国人。根据中国营养学会的统计，每人每天的食物中只含有 90 毫克的 Omega-3，而一般建议每天摄入 500～1000 毫克比较好。大会主席专门把我安排到最后一个发言，我的开场白就是："来见见我的同伴，世界顶级营养专家 Omega-3 先生。"

我帮大脑变得更聪明。

安全的海鲜是婴幼儿需要的聪明食物,尤其是野生三文鱼、凤尾鱼和沙丁鱼——这些鱼的 Omega-3 含量都很高。6 个月的宝宝已经可以吃两种聪明食物了——牛油果和三文鱼。很多美国妈妈开始把牛油果作为宝宝最早的固体食物,不过三文鱼是最近才达成的共识。我建议 7 个月的宝宝吃三文鱼。一开始可以用指尖蘸一点海鲜肉泥,放到宝宝嘴里,让他们习惯这个味道。这可能需要一段时间,不过宝宝到一两岁的时候,目标就应该是每天一个拳头大小的海鲜食物。一般约为 30 克。

事实上,"每天一拳头海鲜"这个原则应该贯穿整个儿童时期,甚至成人以后也该遵循。宝宝的拳头在长大,每天吃的海鲜数量也应该增加。父母也许会问:"为什么海鲜对孩子那么重要?"Omega-3 对大脑影响最大的区域就是细胞膜和神经纤维的绝缘体髓鞘。在第一章中,我们介绍了宝宝大脑的各个重要组成部分。

Omega-3 带来了更有弹性的细胞膜。氢化油带来的脂肪对人体有害,主要是因为它们没有弹性,阻碍了细胞膜的正常工作,所以我们把这种脂肪叫作傻瓜脂肪。

Omega-3 被称为弹性脂肪,是因为它们能够迅速改变形状,帮助大脑发育得更聪明。想象这些小鱼一样的分子告诉大脑:"我们反应迅速,你说什么,我们就可以做什么。"

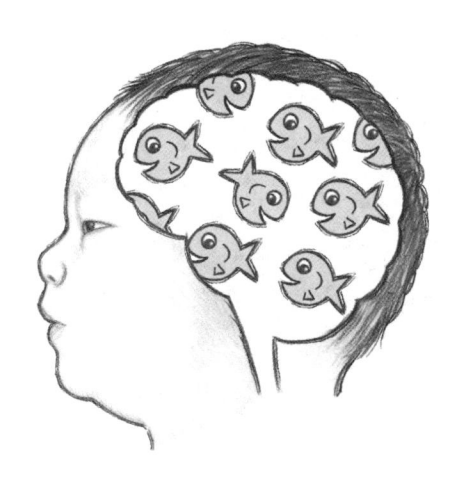

看看下面这张神经纤维的图片。注意大脑细胞延伸出去的长长枝丫(轴突),看看包裹着它们的脂肪保护层,那就是髓鞘。

由于髓鞘,我们才能创新,并同时处理多项事务。在我准备写《Omega-3 的作用》(*The Omega-3 Effect*)这本书时,想弄清楚鱼油如何让大脑产生更多聪明的髓鞘,于是向加州大学洛杉矶分校的精神病

少突胶质细胞

髓鞘

Omega—3

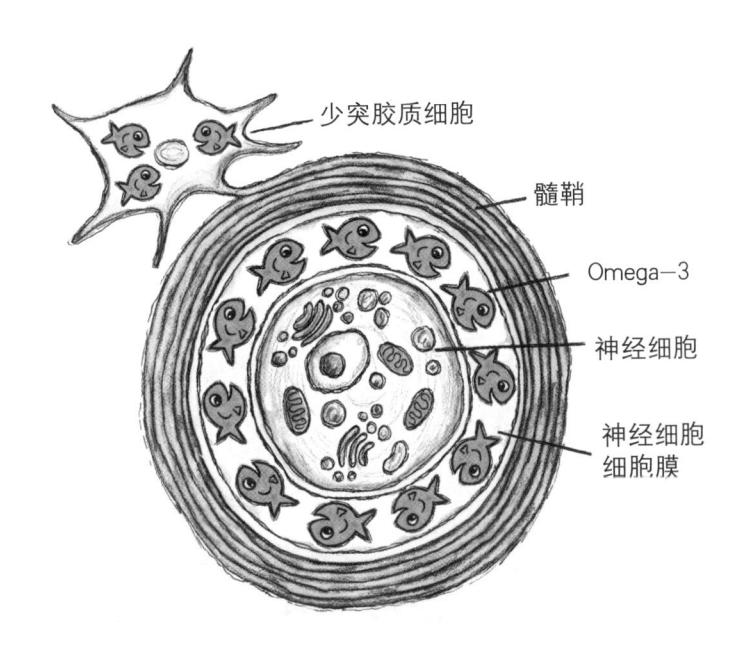

神经细胞

神经细胞细胞膜

学教授乔治·巴佐吉斯请教。他告诉我，围绕在神经细胞组织（灰质）四周的，是上百万髓鞘构成的细胞，被称为少突胶质细胞。你可以简单地称之为 O 细胞[①]。在对孩子解释的时候，我把 O 细胞比喻成聪明的蜘蛛细胞，它们不停吐丝织网，在神经上形成绝缘体，让神经更聪明。这种像蜘蛛一样的细胞在神经外面形成髓鞘保护网，这层网越厚，绝缘性和保护性就越好，神经的运转也会越顺畅。拿互联网来比喻，巴佐吉斯医生解释，髓鞘就好比拓宽了大脑的宽带，使更多信息更快地通过神经纤维。人类大脑产生的髓鞘比任何其他动物都多。巴佐吉斯医生甚至把人称为髓鞘动物。髓鞘是让我们聪明的根本原因。

O 细胞是身体最活跃的细胞之一，在各种大脑细胞中被称为"多动儿"。它们消耗的能量是其他细胞的两倍。这很重要，我们要记住两点：

1. Omega-3 脂肪为形成髓鞘的细胞提供养料，所以孩子需要多吃

[①] 少突胶质细胞（Oligodendrocyte）的英文首字母。

Omega-3鱼油。

2.产生髓鞘的细胞新陈代谢率很高,因此更容易受到氧化作用影响,或者说更容易疲劳。孩子也就需要更多的抗氧化食物,海鲜、水果和蔬菜中抗氧化物质比较多。

聪明的"开心一餐"

最有意义的科学研究发现,情绪失调的天然"药物"(对所有年龄段都有效)就是鱼。研究表明,多吃Omega-3鱼油会减少悲伤和抑郁的情绪,神经科学家把Omega-3叫作"快乐脂肪"。

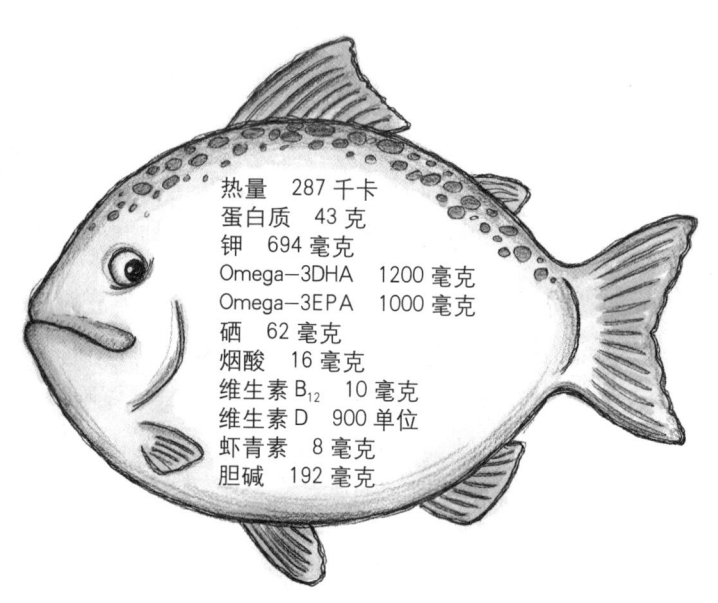

热量 287千卡
蛋白质 43克
钾 694毫克
Omega—3DHA 1200毫克
Omega—3EPA 1000毫克
硒 62毫克
烟酸 16毫克
维生素B_{12} 10毫克
维生素D 900单位
虾青素 8毫克
胆碱 192毫克

180克野生阿拉斯加三文鱼的平均营养含量

聪明的食物

聪明的脂肪	其他聪明的食物
• 海鲜，尤其是三文鱼、沙丁鱼和凤尾鱼 • Omega-3鱼油补充剂 • 亚麻子油 • 橄榄油 • 蛋类 • 牛油果 • 坚果 • 坚果酱 • 椰子片 • 椰子油	• 浆果 • 蔬菜 • 菜豆 • 兵豆 • 豆腐 • 酸奶 • 黄豆

补充鱼油很容易

- 从宝宝六七个月开始，就开始补充含有DHA和EPA的鱼油，每天应摄入200～300毫克的DHA和EPA。
- 3岁以后，每一年增加100毫克。比如，3岁的宝宝每天300毫克，4岁每天400毫克，以此类推。
- 青少年和成年人，尤其是孕期和哺乳期女性，每天应该摄入1000毫克以上。

这是国际脂肪酸和脂类研究学会的建议摄入量。

看鱼油产品说明的时候请注意。有的产品上写着"Omega-3总含量1000毫克"，但是应该说明产品中DHA的含量。所以，直接看看营养成分中 DHA 有多少。比如，有的产品说明上写着，每粒鱼油含有 1000 毫克的 Omega-3，其中 DHA250 毫克，EPA250 毫克。这种情况下，你每天需要吃两粒，才能满足 DHA/EPA 的需要。

聪明的水果和蔬菜

聪明的食物有 3 个特点：

1. 提供养料，帮助大脑花园发育。

2. 提供天然有保护性的生化物质（抗氧化物），保护脑细胞免受有害物质侵扰。

3. 为努力工作的细胞——大脑花园里的种子提供能量，帮助它们成长。

跟聪明的脂肪一样，水果和蔬菜也具有这 3 个特点。

水果和蔬菜是非常厉害的抗氧化物，含有对抗变质的天然生化物质，非常适合宝宝发育中的大脑。

美国有一句谚语："你的盘子里得多点颜色。"这说的是给大脑多一些"颜色"。看上去赏心悦目的蔬菜也会帮助宝宝的大脑发育。这种富含色彩的生化物质叫作植物营养素。一般来说，食物的颜色越深，营养就越丰富，比如蓝紫色的蓝莓，深红色的西红柿，紫红色的葡萄，亮橘色的红薯，深绿色的西蓝花、羽衣甘蓝和小白菜。抗氧化食物很神奇。

抗氧化物质如何发生作用。宝宝身体里的每一个细胞中都有微型引擎，那就是线粒体，这个引擎燃烧汽油（食物），产生成长、修复、运动和思维所需的能量。汽车引擎燃烧汽油的时候会产生废气，身体尤其是大脑也是如此，那是身体燃烧氧气带来的物质，被称为氧化剂。氧化作用是件好事，没有它大脑就不能发育了。不过太多的氧化作用会产生氧化压力，伤害身体组织。打个比方，对身体组织产生影响的氧化作用就像一种撞击。像大脑和眼睛这些工作最繁忙的身体组织，承受的撞击最多。加州大学抗氧化专家莱斯特·帕克医生是《抗氧奇迹》一书的作者，他在书中写道，身体里的每个细胞每天要受到大约

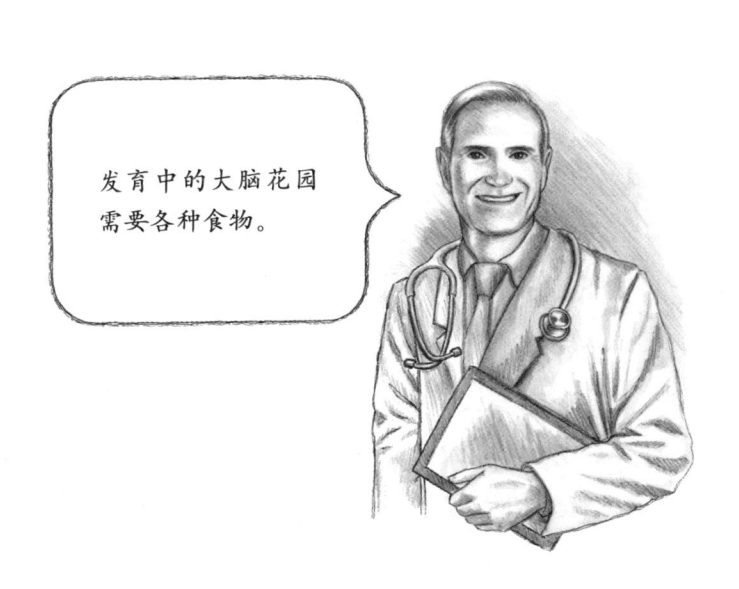

> 发育中的大脑花园需要各种食物。

一万次撞击。孩子发育中的身体里有上千亿个细胞,想想它们每天要受到多少次撞击。

为了帮助身体生长和痊愈,就需要对抗撞击的伙伴,这就是抗氧化作用,它能让身体组织保持平衡。简单地说,聪明的大脑需要抗氧化作用来平衡。要不然氧化作用就像小电钻一样,不停地在脑组织上打洞,造成伤害。氧化作用和抗氧化作用达到平衡,孩子才会聪明。

如果向孩子解释抗氧化作用,我会用"黏黏的东西"来表示氧化:"黏黏的东西会阻碍器官发育,抗氧化作用阻止那些东西堆积在身体组织上,让你保持健康!"

有一次,我跟南佛罗里达大学的神经科学家鲍拉·比克福德博士一起参加一个关于大脑健康主题的会议,我们讨论如何用简单的话向孩子解释,鱼油和蔬菜水果里面丰富的抗氧化物让他们变得更聪明。鲍拉医生说:"我会用《绿野仙踪》里面的铁皮人来解释大脑的氧化作用。铁皮人一生锈,就说明被氧化了,后来多萝西出现,帮他涂上了润滑油,他就恢复原样了。"

大脑主要由脂肪和血管组成,这两种组织都很容易受到氧化作用的影响。孩子摄入的抗氧化物越多,大脑发育得越好。抗氧化物主要来自蔬菜和水果。此外,大脑工作得太努力了——我们称之为代谢亢进,会经历生理学上所谓的氧化压力。简单地说,大脑会"生锈",不那么好使了。办法很简单:多吃抗氧化物。

想让孩子了解抗氧化物为何能保护健康,可以在家做一个好玩的实验。找一个苹果或者牛油果,后者效果更好,因为食物中含有的健康脂肪越多,就越容易变质(氧化)。拿一个牛油果切开,挤上含有维生素D和生物黄酮类抗氧化物质的柠檬汁,另一半不挤,把它们暴露在空气中。差不多6小时以后,有柠檬汁(抗氧化物质)保护的一半看起来还很新鲜，而另一半则皱巴巴，甚至已经锈掉了。

这个实验反映了一个基本事实：如果我们没有摄入足够的抗氧化物来保护自己，大脑和身体会发生什么。

还有一个游戏，把牛油果切成两半，其中一半保留含有丰富抗氧化物的种子。你会发现没有种子的一半坏得更快。

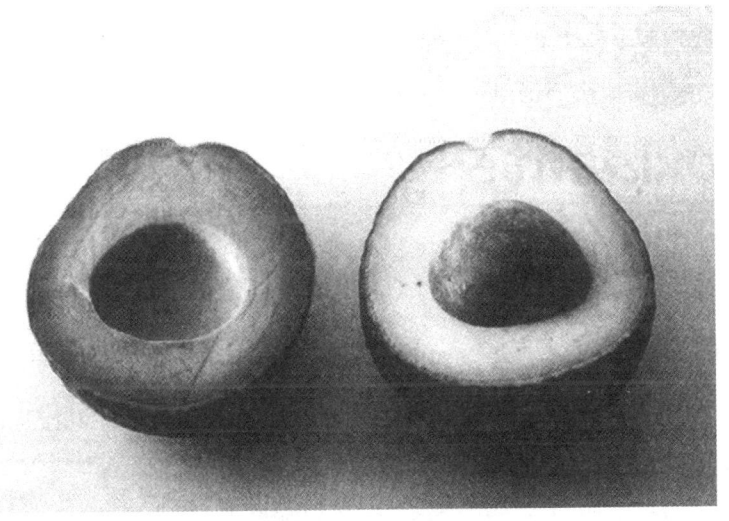

牛油果的两半——没有保护（左）有抗氧化物保护（右）

科学证明：更多的蔬菜让你更聪明

尽管在营养学上有很多不同的观点，但所有的神经科学家都同意：孩子吃的蔬菜越多，就越聪明、健康。研究表明，一个人吃的蔬菜越多，得神经退行性疾病（阿尔兹海默病和帕金森病）的概率就越低，越来越多的人也开始接受这种看法。

为什么沙拉很健康

除了海鲜，对大脑有利的第二选择是沙拉。你越早给孩子一盘蔬菜沙拉，孩子就越健康。原因是什么？

沙拉没有急剧提升血糖的作用。血糖或血脂突然升高对人体无益，美国人常吃的一些食物就会产生这种结果。这时，我又会跟孩子提到"黏黏的东西"："你往嘴里塞了太多黏黏的东西，血液和大脑里也会有很多黏黏的东西。这对正在发育的大脑尤其不好。"

沙拉让身体苗条。科学证明，大部分人越瘦越聪明。在美国，神经退行性疾病的蔓延伴随着肥胖的增多，科学家们坚信其中是有关联的。为什么吃沙拉有利于保持苗条？是因为沙拉很容易让人产生饱腹感，你很快就觉得吃饱了。吃沙拉时要多嚼，这样更容易满足，也会促进消化。孩子吃下沙拉中的高膳食纤维，更容易觉得饱，而不太会吃撑。所以，绿色蔬菜和菜豆这两种沙拉的主要成分，也在我们的聪明食物清单上。

以前孩子吃得太多对家长们不算问题，因为爸爸妈妈担心的是"为什么宝宝吃得这么少"。孩子长得很快，尤其是大脑，所以应该吃得很多。但是，你应该让他们吃更多有助于变聪明的食物，而不是容易让

"西蓝花大脑"

当孩子长到五六岁时，可以带他们玩一个有趣的游戏：给大脑结构涂色。一旦他们知道大脑的样子，就让他们看看长得像西蓝花的那个部分。然后他们就会吃掉更多的西蓝花了。

人变笨的食物。事实上，即使孩子已经超重，以蔬菜为主的沙拉也能想吃多少就吃多少。因为沙拉需要多嚼，有更多膳食纤维，吃的时间更长，更容易让孩子感到满足，孩子很少会吃沙拉过量。除此之外，咀嚼和消化沙拉的过程会消耗更多的热量。

西尔斯医生的吃沙拉小窍门：**不管哪一餐都可以从沙拉开始**。如果孩子吃得太多太快，就从一大碗沙拉开始吃饭。沙拉中的高膳食纤维会降低进食的速度，孩子会更快觉得吃饱了。

西尔斯医生的聪明沙拉：绿色蔬菜加上约120克的三文鱼。宝宝的大脑会感激你的！

聪明的调料

最聪明的一种调料是姜黄粉，就是咖喱里面的那种黄色调料，在印度烹调中很受欢迎。姜黄粉在大脑中能起到强有力的抗氧化作用，还会减少血液中黏稠的生化物质，减少附着在动脉内壁上的物质。记住，动脉内壁越平滑，血液流通越顺畅，就能越好地灌溉孩子的大脑花园。每半茶匙（1茶匙约为5毫升）姜黄粉中掺入半茶匙新鲜磨制的黑胡椒粉，可以促进肠道对姜黄粉的吸收。出门在外的时候，我总是在包里随身带着姜黄粉。

肉桂也是一种聪明的调料，它会防止血糖急剧升高——要吃得聪明，我们就要这样做。

姜也很健康，它可以缓解炎症，炎症是很多大脑问题的根源。

聪明的碳水化合物

假设你跟世界上最好的营养学家一起参加营养学大会。你非常希望会议结束后在饮食方面做出重要的科学改变，培养更聪明的人才。其实，只需要一个简单的改变就好，那就是——

避免糖分

食物或饮料中添加的糖分是影响美国人身体的罪魁祸首。父母们请吸取这个教训：不要让孩子摄入人工添加的糖分，给他们自然界中生长的糖分。

糖是一种聪明的食物，孩子吃下的碳水化合物中约有 50% 的能量都用于大脑发育。而且，大脑跟肌肉不一样，不能储存葡萄糖（碳水化合物消化后提取的主要能源），所以大脑需要血液输送稳定的葡萄糖。如果血糖太低，大脑功能将会迅速降低。

如果向孩子解释什么是聪明的碳水化合物，什么是让他变笨的碳水化合物，我会说："聪明的碳水化合物跟几个小朋友是好朋友，你可以叫这些小朋友蛋白质小波、脂肪小兰和膳食纤维小迪。一个对你友好的糖分子总爱跟其他小朋友一起玩,不会落单。当你吃了这样的糖分,那些小朋友也会跟碳水化合物手拉手,因此碳水化合物不会太快冲进血液和大脑,使思考能力时好时坏。聪明的碳水化合物很稳定,给大脑提供稳定的能量供应。关于血糖水平,要记住:稳定就是聪明。想象一下大脑在说:'谢谢你,友好的碳水化合物,让我感觉那么好!'"

让你变聪明的碳水化合物 VS 让你变笨的碳水化合物

聪明的碳水化合物	让人变笨的碳水化合物
• 母乳 • 蔬菜水果 • 豆腐 • 坚果、坚果酱	• 高果糖玉米糖浆 • 人工甜味剂 • 含糖饮料 • 高碳水化合物、低膳食纤维的谷物 • 白面包和白面条(低膳食纤维)

而另一种让人变笨的碳水化合物则没有"朋友",只跟自己玩(看看汽水瓶子上的说明,通常没有蛋白质、脂肪,也没有膳食纤维)。因为没有朋友拉着它,它会冲进血管和大脑,很快被消耗掉。有时候血糖水平太高、持续的时间太长,因为身体不喜欢浪费食物,就会把这些多余的碳水化合物储存起来,变成腰和肚子上的肥肉。造成肥胖的第一个原因就是人工添加的糖分。哈佛医学院营养学系教授、系主任沃尔特·威利特医生总结,这种碳水化合物和肥胖有着直接的联系。

科学界一致认为,过去 20 年,美国人食物中的脂肪含量一直在下降,而肥胖问题却愈演愈烈,有几个原因:

1. 脂肪容易让人有饱腹感，因此不会吃得太多。而减少脂肪，代之以更多的垃圾碳水化合物，会让人吃得更多。

2. 碳水化合物比脂肪便宜。脂肪容易变质，而碳水化合物可以储存很长时间。

3. 碳水化合物让人胃口大开。你吃得越多，就越想多吃。这是商业上的成功，健康上的失败。

> 吃真正的水果，不要喝果汁。

血糖突然降低，会引发身体释放应激激素。孩子咕咚咕咚大口喝下含糖饮料，或者狼吞虎咽地吃下垃圾碳水化合物，会迅速受到影响，变得紧张不安，容易发脾气，很难安安静静地坐下学习。

用水果代替果汁。想想从商店里买的橙汁饮料和一个新鲜的橙子。工厂制作的果汁里主要都是糖水，可能加一点维生素 C。而当你吃新鲜橙子的时候，需要花时间剥皮和咀嚼。这个过程让你的身体为食物做好准备，橙子膳食纤维含量丰富，不会让血糖水平急剧升高。新鲜橙子和橙汁里的热量是一样的。但是，喝掉一瓶橙汁只需要 10 秒钟，

最笨的饮料——汽水

我去过中国4次,每一次都发现中国人手里的汽水饮料越来越多,无论多大年纪的人都是这样。这就是所谓的美式饮食。很多医生都相信,从小喝很多汽水对发育中的大脑极为不利。加糖汽水非常不健康,里面的甜味剂都是人工添加的糖分,比如阿斯巴甜或三氯蔗糖,这些对大脑并没有什么好处。如果你问一位脑科学家,他给出的首要建议就是:"别喝饮料。"

为了向家长解释,我诊所门口的柜台边有3个大大的汽水瓶。上面写着警示语:"瓶子里的糖尿病。"家长们就明白这个意思了。

人工甜味剂——发育中的大脑不需要。当孩子的口味还未定型的时候,人工甜味剂会让他们向着不健康的方向发展。人工添

> 加的糖分不是真正的食物，会让孩子形成错误的饮食习惯：
>
> 1. 他们更容易适应不健康的食物。孩子不仅更习惯人工添加的糖分，也会习惯其他"假的食物"。
> 2. 人工甜味剂会迷惑大脑，造成暴饮暴食。
> 3. 人工甜味剂造成更多肥胖。
>
> 除了危害发育中的大脑，汽水也对骨骼发育不利。大部分汽水中都含有一种叫作磷酸盐的化学物质，它可以让汽水起泡。磷酸盐会跟钙结合，偷走骨骼发育需要的钙。
>
> 如果孩子要喝加了糖的汽水，可以参考成年人饮酒的策略：一边吃饭一边慢慢喝。肠胃中的食物在一定程度上可以减缓血糖升高的速度。
>
> 我一向很佩服亚洲父母对孩子的管教，希望父母在营养领域也能高标准严要求："我们家不喝那种饮料，我不会让那种东西进入你健康的身体。"

不需要咀嚼，没有膳食纤维，只有一堆迅速升高血糖的碳水化合物。

可悲的汽水。如果汽水中只有糖分，那还算好的，更糟的是其中可能还有一些化学添加剂。

看到汽水，想要汽水。宝宝看到汽水，大脑就已经开始渴望"看到汽水，喜欢汽水，喝掉很多汽水"。

喝到汽水，想要更多汽水。一旦舌头上对甜味敏感的味蕾接触到糖分，生化信息就从味蕾迅速传到大脑中，大脑会"喝得更多，喝得更快"。

可怜的肚子。我们的胃对于汽水并不适应，它喜欢的食物是包含脂肪、膳食纤维和蛋白质的，它们能填饱肚子，并告诉胃黏膜："我们属于这里，感觉真好。"而糖水只会迅速通过胃部进入血液中。

血糖突然升高。血液中突然充斥着糖分，会亮起红色警告："一大拨糖分突然来袭，通知胰岛素小分队马上投入战斗。"胰岛素的主要作用是附着在糖分子上，判断怎样处理对身体最有利。胰岛素得到的生化信息是，应该把高浓度的血糖存放在身体主要的糖分仓库——肚子上的脂肪细胞中。这还会带来另一个问题。高浓度血糖迅速到达大脑，而大脑是人体消耗碳水化合物最多的器官。而且，大脑不能依靠体内的胰岛素来处理血糖。结果这些过剩的糖声势浩大地冲向大脑，在大脑消耗掉所有的糖分之后，就会陷入一种"脑雾"（brain fog）状态，也可以称为低血糖。

血糖突然升高的另一个问题。胰岛素还把多余的糖分放进另一个储存器——肝脏。不过，如果肝脏已经满了，糖分就会到达最喜欢它的脂肪细胞里，形成肚腩。

多吃糖。糖分过剩还有生化问题。伟大的大自然设计师为了保护大脑不受多余糖分的侵扰，会产生一种激素，在身体已经摄入足够糖分的时候，减少进食。其中一种激素就是瘦体素，它会告诉身体"少吃点"。当你吃够了，它们会告诉大脑："你吃得够多了，放慢速度，停下来！"但是，太多胰岛素（来自高浓度血糖）会阻止瘦体素起作用，你饱了还会接着吃，带来更高的血糖、更多的脂肪储备。

避免"汉堡包大脑"。除了少喝汽水，脂肪含量高的快餐也要少吃。一次，我跟一些神经科学家一起打高尔夫，我们讨论起吃快餐对大脑的影响，比如汉堡包和炸薯条。这些专家说，这会造成"汉堡包大脑"，因为汉堡包和薯条中的反式脂肪会进一步升高血糖。这种"反医学"

的食物组合会让不健康的结果加倍，对大脑尤其有害。

聪明蛋白质的力量。 吃碳水化合物的时候加一些蛋白质，大部分真正的食物都是这种组合，比如在蔬菜和谷物里。蛋白质可以活跃两种"机敏性"神经递质：多巴胺和去甲肾上腺素。所以高蛋白质的早餐或午餐会帮助孩子在学校中表现出色。

聪明的食物也要少食多餐

要记住："少食多餐对大脑有好处。"太多让血液黏稠的化学物质对大脑有害，少食多餐为大脑提供稳定的营养供应，而大脑是营养消耗最大的身体器官。

父母常常担心孩子吃得不够。其实宝宝的胃很小，大概只有他们

筷子：最聪明的进餐工具

有一次我的讲座结束，一位中国医生礼貌地问："西尔斯医生，为什么美国人吃得那么多、那么快？"我开玩笑地说："回到美国，我要试试看能不能让政府通过一道法案，要求大家用筷子取代叉子。"听众们笑了起来，颔首称是。这真的是一个好办法，我要在自己的诊所中试验一下，尤其是对那些有体重问题的孩子。家长们喜欢这个主意，这给用餐时间增加了不少乐趣。

亚洲的进食方式比美国聪明。叉子让人吃得更快，而筷子则让人慢慢进食，对大脑更有好处。用筷子吃饭不会让血糖急剧升高，筷子比叉子更有利于眼手协调，提升灵敏度。宝宝每次用筷子夹东西，都会促使更多脑细胞生长。

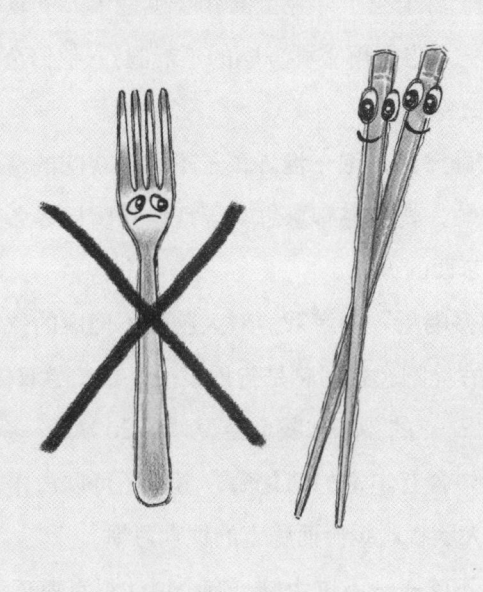

的拳头那么大。少食多餐才是让他们感觉舒服的方式，这对大脑也有好处。下一次你再给宝宝准备食物时，跟他的拳头比一下大小，看看合不合适。

少食多餐的六个技巧

下面是一些我教给父母们的进餐技巧：

1. 做一个点心盘。 宝宝天生就喜欢少食多餐。我们家最喜欢的办法就是做一个点心盘：用冰块盒或者小蛋糕模子，放上有营养的小吃，并给这些孩子容易拿取的小份食物取个名字，比如叫西蓝花"小树"，叫橙子"车轮"，叫豆腐"砖块"，再留几个空格来放蘸酱，比如牛油果酱、酸奶或者鹰嘴豆泥。宝宝可以自己用这个盘子吃东西。到一天结束的时候，这个盘子空了，宝宝的肚子也饱了。一旦孩子习惯了细嚼慢咽的舒服感觉（也了解狼吞虎咽的不舒服），他们会把这种少食多餐的好习惯保持终身。

2. 孩子喜欢蘸一蘸、泡一泡。 孩子不太喜欢吃的蔬菜，在他们喜欢的蘸料里蘸一蘸，就变得有意思多了。像豆腐酱等各种蘸料会让孩子喜欢上这种吃东西的方式。

3. 玩一玩"多嚼嚼"的游戏。 对大脑最不健康的饮食习惯就是吃得太多太快，狼吞虎咽。我们总是告诉孩子，要"嚼双倍"（平时咀嚼次数的两倍）。大一点的孩子，我们会说"嚼20次"。多咀嚼可以分泌更多的唾液，其中含有丰富的消化酶，咀嚼还可以放慢孩子的进食速度。再说一次，大脑喜欢缓慢而稳定的饮食习惯。

4. 不看——不吃——不进大脑。 有个说法很有道理："孩子眼大肚子小。"意思是孩子看到一大碗食物，就觉得自己应该多吃点，而实

> 嚼双倍！

际上并不需要。比起一次性在碗里盛满食物给孩子，更好的办法是每次孩子需要多少，就直接盛多少，这样他们才能养成良好的进食习惯。如果没吃饱，他们可以自己再盛一些。

5. 盘子小一点。吃自助餐的时候这个办法尤其奏效。让孩子用一个小一点的盘子，需要吃多少，就盛多少。从桌子边走到自助餐台盛饭的过程，就可以让饱腹激素到达大脑，告诉它"你已经吃饱了！"。

6. 补充点坚果。坚果在我看来是最聪明的小吃。营养非常集中，一小份就包含了很多营养成分，比如健康的脂肪、蛋白质、膳食纤维、维生素和矿物质。坚果味道很不错，也容易有饱腹感。把孩子带到卖坚果的地方，让他们挑四五种自己喜欢的。给孩子看看核桃长得多像大脑。在坚果中再加上几种水果干，在袋子中混合均匀，就成了上学或外出玩耍的完美小吃。注意：孩子每次只吃几种坚果，咀嚼坚果的时间应该是咀嚼其他食物最长时间的两倍。这样坚果的小颗粒才不会进入呼吸道。

我在被海啸袭击的印尼尼亚斯岛上做过志愿者医生。有一周的时

> 多吃坚果！

间，我的主要食物就是坚果，加上一点罐头三文鱼，还有当地树上摘下的水果。那一周的工作让人精疲力竭，而坚果让我保持体力和脑力，来帮助那里受伤的孩子。

黏性物质的故事。如果教孩子营养学知识，尤其是吃真正的食物以及细嚼慢咽的好处，我会用他们容易记住的语言，还会画一幅画，上面有狼吞虎咽的小乔和细嚼慢咽的小西。小乔吃了很多黏性物质，这些物质会进入他的血液和大脑。大脑看起来非常伤心，因为它知道这些黏性物质对自己没有好处。

细嚼慢咽的小西更聪明。她用筷子小口吃饭，用小盘子装小份食物，而且经常喝水。小西吃的是真正的食物，而且少食多餐，就不会有让血糖迅速升高的黏性物质，她的大脑很开心，好像在说："谢谢你，这样就不会有黏黏的东西到我这里来啦。"

狼吞虎咽 = 黏性物质

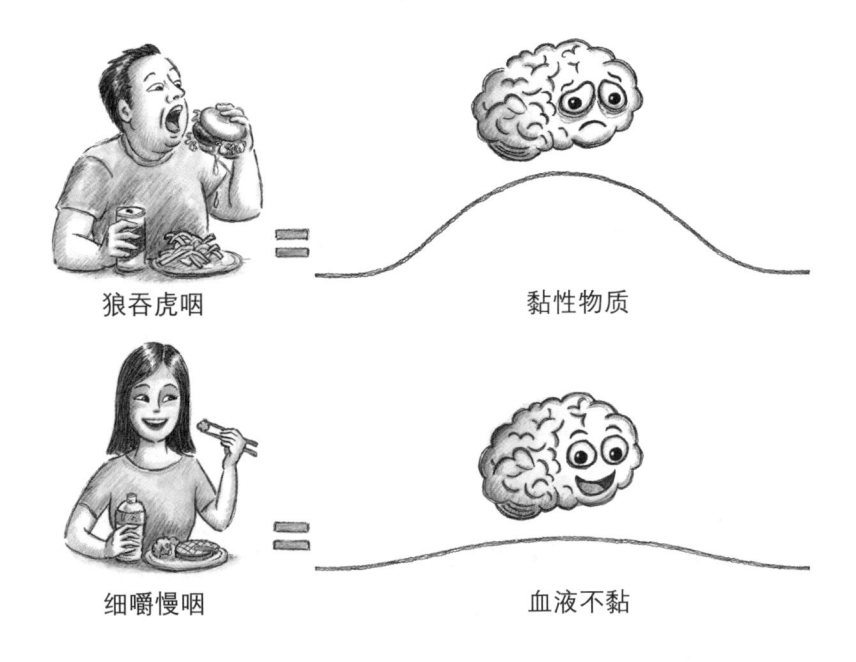

细嚼慢咽 = 血液不黏

浆果有益大脑

神经学家把蓝莓称为大脑浆果。我们的诊所里有个说法:"每天一把蓝莓,大脑医生远离我。"我们把浆果,尤其是蓝莓,列为对大脑最有益的食物。蓝莓是印证食物色彩作用的好例子:食物的颜色越深,对大脑越好。蓝莓的果皮中含有强大的抗氧化物质花青素。一个研究检测了40种水果蔬菜的抗氧化作用,蓝莓高居榜首。蓝莓还含有对大脑发育有利的物质,被称为血管舒张物质。也就是说,它们会打开血管,让血液流通更顺畅。记住,在宝宝发育的大脑中,血管流通性越好,大脑花园就越欣欣向荣。在动物身上进行的实验显示,蓝莓会提高动物大脑中的神经递质多巴胺的浓度,多巴胺是一种聪明的神经激素。

提供"快乐餐饮"

关于食物和智力关系的大部分科学研究都是在成人身上进行的，但我们还是可以把研究结果运用到孩子身上。2016年4月，《科学美国人》杂志的第一篇文章叫作《寻找有利于大脑的膳食》，揭示了一个早已有之的科学联系：你吃得越聪明，大脑就越快乐。妈妈们早就知道这个道理了，而神经学家们现在才意识到"快乐饮食"是有其科学根据的。在研究人们的饮食习惯如何影响情绪水平时，科学家发现3种饮食跟最健康和快乐的大脑有关：地中海饮食、日本饮食和北欧饮食。我们自然要问，这3种饮食有什么共同点？首先，三者都含有比较多的海鲜——多吃鱼！其次，他们都吃很多富含抗氧化物质的蔬菜——多吃绿色蔬菜！最后，他们都吃很多坚果——多吃坚果！科学研究发现，这些饮食的核心是含糖食品等加工食品的比例很低。从这个研究中，我们可以得出两点结论：神经科学家发现了美式饮食和情绪不佳之间的直接联系；真正的食物让大脑健康。

蓝莓中富含促进大脑发育的营养，会让婴幼儿产生更多的大脑细胞。前面提到，在宝宝7～9个月的时候，会开始掌握吃蓝莓所需的技巧——用拇指和食指抓东西。宝宝喜欢像用筷子那样用大拇指和食指。每抓一个蓝莓，他们的大脑中就会生长出更多的细胞，眼手协调功能也更强大。他们可能会弄得一团糟，但这会帮助他们的大脑发育。所以，享受宝宝满嘴满手蓝莓汁的样子吧。

让蓝莓更好吃的办法：

- 在宝宝面前放一把蓝莓，玩模仿游戏，你抓一个，让宝宝抓一个。
- 在奶昔、糕点、谷物和酸奶中加上蓝莓。
- 在大一点的孩子吃的沙拉中加蓝莓。
- 烤蓝莓松饼。
- 在热乎乎的麦片粥中加入蓝莓和酸奶，很美味！

记住，对宝宝好的对妈妈也好。大人也应该多吃蓝莓，心理学家有个说法："吃蓝色食物，远离抑郁。"

大脑游戏：给孩子的大脑一些颜色

让孩子知道，食物的颜色越丰富，他就会越聪明。我最喜欢的4种有益于大脑的食物包括海鲜、绿色蔬菜、浆果和坚果。让孩子记住这"神奇四侠"：

- 多吃鱼！
- 多吃菜！
- 多吃蓝莓！
- 多吃坚果！

想让孩子留下更深的印象，可以说一说各种颜色：多吃粉红色、多吃绿色、多吃蓝色、多吃棕色。还有，这些颜色说明食物中含有天然的抗氧化成分，会让大脑保持健康。

一天始于聪明早餐

大脑是人体中受营养影响最大的器官，如果孩子吃完垃圾食物去上学，一天的状态都不会太好。早餐尤其重要。跟别的器官不一样，大脑不能储存葡萄糖。早上的时候，孩子已经有 8～10 个小时没有进食，能量几乎消耗殆尽。你不会开着油箱空空的汽车去上班，孩子也不应该头脑空空地去上学。

> **科学家说：早餐让学生更聪明**
>
> 一些研究对不吃早餐或者吃垃圾早餐的孩子和吃健康、平衡早餐的孩子进行了对比，结果显示后者的表现如下：
> - 成绩更好。
> - 课堂上更专心。
> - 不容易有学习上的问题。
> - 阅读和数学成绩更高。
> - 更能处理复杂问题。
> - 较少请病假。
> - 较少出现焦虑、抑郁或多动症。
> - 记忆力更好。

给聪明早餐添加聪明元素

做早饭的时候，要考虑下面 4 种营养素：
- 提神醒脑的蛋白质。
- 提供稳定能量的富含膳食纤维的碳水化合物。
- 塑造聪明大脑细胞的健康脂肪。

- 钙和铁等矿物质，帮助大脑良好运行。

可以尝试这些早餐菜单：
- 切片苹果加上花生酱和酸奶。
- 快手早餐奶昔。
- 洞洞鸡蛋：全麦面包中间挖个洞，打个蛋煎一煎，配上橙汁和水果。
- 法式煎面包配浆果，加上酸奶。
- 健康杯：240～300毫升的杯子里放一半酸奶，上面放坚果、麦片和切块水果（苹果或浆果都行），再撒上一层亚麻子、一点蜂蜜和杏仁片。头一天晚上就可以把这个健康杯准备好，放进冰箱冷藏。
- 燕麦片、有机酸奶、蓝莓（注意：不要速溶麦片，那会让碳水化合物太快释放）。
- 补充Omega-3。
- 全麦吐司加花生酱、香蕉或浆果，一杯牛奶。
- 全素或海鲜蛋卷，自制小松糕，水果和一些牛油果。
- 全麦华夫饼或薄煎饼，上面加浆果，一杯牛奶。
- 全麦麦片加坚果，配酸奶和浆果。
- 西葫芦饼，上面加浆果。

孩子的早餐要尽可能包含下面3类：

1. 高质量蛋白质。蛋白质激发大脑释放"灵敏的"神经递质（多巴胺和去甲肾上腺素），让大脑养足精神。大部分蛋白质中都含有氨基酸，对学习非常重要：酪氨酸（提高灵敏度的脑神经兴奋剂）和色氨酸（血清素的组成部分，血清素是一种快乐激素，也是有镇定作用的神经递质)。这两种"氨酸"在孩子的大脑中形成一种平衡,使得大脑在保持机敏的同时保持平静。上述关于早餐的建议会让孩子的大脑在早上清醒过来。高蛋白质的早餐让孩子不那么容易饿,不会在几小时的学习后就疲惫不堪,而高碳水化合物的早餐往往会导致那种结果。

> **用黄豆做早餐**
>
> 黄豆的酪氨酸和色氨酸含量都很高,用它来做早餐是聪明的选择。

2. 用健康的碳水化合物提神醒脑。膳食纤维含量高的健康碳水化合物也排在早餐榜单的前列,它们会缓慢释放热量,让大脑得到稳定的能量。而垃圾碳水化合物,比如加糖的谷物或糕点会让血糖像坐过山车一样急剧升高,让孩子很难集中注意力。聪明的碳水化合物总是伴随着蛋白质、膳食纤维或脂肪——能量会在整个上午缓慢、稳定地释放。

3. 让早餐快乐起来!帮助孩子开始快乐的一天。一早就有压力,会在大脑中产生有害的化学反应。高水平的应激激素皮质醇会产生神经激素神经肽,刺激身体渴望更多的碳水化合物。早上的压力会让孩子一整天都吃得不健康。快乐早餐带来快乐激素和聪明的孩子。

4. "湿漉漉"的胃!一整夜没有喝水带来的脱水会让胃部紧张,减弱孩子的胃口。一位聪明的妈妈告诉我:"孩子一起床我就让她喝一杯水,这样她肚子比较舒服,也会很快有胃口吃饭了。"

为什么不吃高碳水化合物的早餐?碳水化合物会让你昏昏欲睡。蛋白质中含有主要服务于神经递质的酪氨酸,以及主要为血清素提供能量的色氨酸,血清素是让人镇定和入睡的激素。当蛋白质中的这两种成分进入大脑，需要得到指引，要么让大脑打起精神，要么昏昏欲睡。这时候胰岛素就充当了交警的作用。高碳水化合物的早餐激发出高水平的胰岛素，胰岛素更倾向于将色氨酸（助眠作用）带到大脑中，而不是酪氨酸。这就是为什么在你吃掉一份高碳水化合物的午饭之后就想午睡。另一方面，高蛋白质的早餐会刺激灵敏性神经递质，让孩子平静、灵敏而专注。

高蛋白质和高膳食纤维的食物消化起来更慢，消化中产生的糖分可以更稳定地释放到血液中去。如果早饭吃的是甜甜圈、加糖麦片或者一堆糕点，会让孩子学习效率下降，因为这些食物被迅速消化，血糖飞速升高后又急剧降低。老师们都说上午的"转折点"在 10～11 点，那是孩子们一天中感觉学习最困难的时候。

有意思的是，前面列表中含有的那些蛋白质，在灵敏和镇定的氨基酸之间形成了完美的平衡。我们也把聪明食物称为成长食物，在这些食物中，起提神醒脑作用的氨基酸比起镇定作用的多，这也是你希望孩子在学校时的状态：机敏而平静，但不困乏。另一方面，晚餐，尤其是饭后甜点，可以主要是碳水化合物，这可以产生更多的镇定和促进入睡的激素，这就是你想要孩子在上床睡觉前需要的状态。

聪明食物进大学

像斯坦福这样的美国顶尖大学，最近引进了"高能晚餐"。这是为拿奖学金的学生特别准备的，因为学校知道学生吃得越健康，在学习或体育方面的表现就越好。你可以向这些大学学习，用更优质的营养培养孩子更聪明的大脑。

聪明奶昔开始新的一天

很多美式饮食习惯都不太聪明,不过有一个传统,我们的诊所和家里都在用,而且已经20年了。这对早上起来匆匆忙忙的父母非常有帮助,你们在准备上班的时候,可以给孩子喝一杯奶昔——爸爸妈妈也可以。如果你真的太忙了,孩子可以带一杯在上学的路上喝。

如果你的早高峰情况跟我们差不多——睡不醒的孩子、忙碌的父母,可能让孩子坐下来吃一顿早餐很难做到。我们家有一个备选方案,那就是"上学奶昔"。

上学奶昔让孩子健康又聪明的3个理由:

1. 奶昔具有协同效应。 希望大家了解营养学上的一个理念,那就是食物协同效应,意思是健康的食物放在一起吃,对大脑的好处更大。这杯奶昔富含维生素、矿物质和抗氧化物,这些营养混合在一起吃下去,会成为强大的团队,更好地帮助孩子思考。

2. 奶昔可以塑造孩子的饮食习惯。 你可以在奶昔中多放几种健康食物,不知不觉,孩子的饮食习惯就向着正确的方向发展了。有的东西可能是你希望孩子多吃,但他们不喜欢的,比如蔬菜、豆腐、亚麻子油、鱼油等,奶昔可以让这些有营养的"聪明食物"不易察觉地进入孩子的饮食。一位妈妈说:"为了

让孩子喝奶昔，我会用他喜欢的东西来起名字。这个星期，他喝了好多'恐龙饮料'。"

3. 奶昔提供的能量很稳定。再说一次，大脑喜欢碳水化合物缓慢而稳定地释放能量。奶昔这种高膳食纤维、缓慢释放的碳水化合物正是发育中的大脑需要的。

在学校里吃聪明食物

很多时候，学龄儿童吃的都不是妈妈做的饭，比如在学校、车上、餐厅和亲戚朋友家的时候。如果是别人在为你的孩子做饭，你怎么帮他们吃到聪明的食物？

怎么帮助孩子在学校获取合适的营养

我曾经做过4年学校董事。开会的时候，我的发言让大家很震惊："我担心孩子们在学校太容易'中毒'！老实说，现在花上两美元，在学校15米的距离内就可以买到'毒品'。"大家意识到我说的是校园自动售货机出售的加了人工甜味剂、色素和化学物质的食品和饮料，

这些东西对孩子的大脑有害。自动售货机是学校的一种收入来源，校方可能从来没考虑过这对孩子发育中的大脑有多大伤害。

学校应该做出榜样，在健康饮食方面同样如此。提供垃圾食品会给易受影响的孩子造成困扰。"如果学校老师说的都是对的，那为什么妈妈说对我成长没好处的东西，学校却会给我们？"试试下面简单的几步，让你的孩子远离垃圾：

为健康午餐投票。在教育方面，学校跟家长一样重要。你们有权利、有义务制止学校的不良措施。在我做学校董事期间，有一次问了同事们一个问题，让他们很吃惊："为什么我们要把孩子送到学校来？"他们看起来有点摸不着头脑，我说："是为了让他们获得成功的方法。而最重要的一个方法，就是让他们学会为大脑选择健康的营养。"他们明白了我的意思，并在学校午餐上做出了改革。

我的儿子史蒂芬有唐氏综合征，他在一所普通高中上特需班。他的同学有各种问题：脑瘫、自闭症，等等。我觉得这个班的孩子更需要聪明的食物，但事实并非如此，他们跟普通孩子一样吃的是垃圾食品。

大部分时候学校并不是症结所在。学校餐厅负责人告诉我，他们试过提供健康食物："不过孩子们不吃。"这就是因为孩子在家里没有养成健康的饮食习惯。学校不应该是改造孩子饮食习惯的地方，那是家庭的责任。

一起看看学校的菜单。如果孩子把学校食堂的菜单带回家，可以好好利用这个机会教育他。在对大脑有害的食物上打叉，跟孩子讲讲这些东西的危害。然后跟校长和食堂工作人员约个时间，告诉他们一些食物是不合格的。

低脂饮食——最愚蠢的美国营养学建议

美国营养政策制定者最愚蠢的建议,就是:"吃低脂饮食,因为脂肪让你变胖。"然而,这条建议让美国人身体越来越差,越来越胖。我们来看看是为什么。我一向认为如果科学和常识不一致,就假设科学出了问题,事实也是这样。首先,没有真正的科学根据支持低脂饮食。第二,当人们开始少吃脂肪的时候,会用更多的碳水化合物来补充。但他们吃下的并不是健康的碳水化合物,而是经过加工处理的垃圾碳水化合物。在20世纪70年代,随着高果糖玉米糖浆和化学甜味剂的发明,碳水化合物变得更没营养了。不久以前,美国人的盘子里还堆满了对大脑健康有害的"傻瓜"碳水化合物。幸运的是,大概从2014年开始,美国人的饮食水平有一个大幅度的提升,回到了多吃脂肪少吃垃圾碳水化合物上来。

大约在20世纪80年代早期,低脂饮食发展到了顶峰,人工甜味剂和合成香料占领了美国人的盘子,结果就是大脑受到双重打击:人们不再摄入优质脂肪来保护大脑,还用加工的化学食品来伤害大脑。深入了解其中对科学的误解以及错误的饮食,我们会发现神经退行性疾病的发病率跟美式饮食的不健康程度是成正比的。

学校午餐个性化

- 在孩子的午餐盒里放个爱心小条,比如:"妈妈的爱心午餐!"
- 给食物取个跟孩子有关的名字。比如在装着小西红柿的袋子上写上:"这些红色小足球很美味哦。"
- 放一根"笑脸吸管"。在便利贴上画个笑脸,写上有趣的话,然后穿在吸管上。
- 让孩子自己选一个喜欢的午餐盒。

让孩子保持苗条

由于垃圾食品的营销和易得性,现在肥胖已经是美国儿童脑部健康问题的首要元凶。而越来越多的中国家庭吃传统的食物越来越少,越来越像现在的美国,就越来越可能出现跟美国一样的大脑健康问题。

家长们注意了:孩子在 8 ~ 12 岁的时候会经历一个看上去"邋遢"的阶段,这一般来说是正常的,并非不健康。他们会积累多余的脂肪,在更大的时候再甩掉。这个发育过程被称为"抽条"。

越苗条越聪明。苗条并不是皮包骨,而是让孩子拥有必要的身体脂肪和肌肉。太瘦跟太胖一样对大脑有害。虽然并不是说孩子越胖,大脑问题就越多,但营养学家的确发现了肥胖和大脑问题之间的关联。研究发现,超重的孩子遇到的学习问题更多。于是美国政府终于采取了行动,连前第一夫人米歇尔·奥巴马也发起了"让我们动起来"的号召。

"肠道大脑"

最近一位妈妈来向我咨询孩子的学习和行为问题。我马上发现她的孩子太胖了。我的诊断让那位妈妈很震惊:"你的孩子有个肠道大脑。"

腹部脂肪和大脑问题之间的联系是神经科学家的新发现,所以腰围指数现在也是大脑健康的一个检查指标。人们也常常把体重控制称为腰围控制。

多余的腹部脂肪一度被认为只会造成一定的行动困难,而不会影响大脑。这其实大错特错!在过去5年中,研究揭示过多的腹部脂肪不单单只是待在那儿,还会发挥作用,对大脑可没什么好处。跟其他地方的脂肪不一样,腹部脂肪是个制造抗药性的化工厂,它们产生的生化作用,让身体出现炎症,这是引起大部分大脑问题的根本原因。

多余腹部脂肪带来的不健康激素叫作脂肪细胞素,会升高血糖和血脂。过多的黏稠物质在大脑中循环,会造成大脑运转失调。

过多的腹部脂肪能引起2型糖尿病,这也是这种疾病在世界上蔓延的根本原因。我在诊所中已经不再使用"超重"这个词了,而是用"糖尿病前期"或"阿尔兹海默病前期"这样的说法,来敦促家长改变家中的饮食习惯。肥胖的孩子很容易成为肥胖的成人,让孩子保持苗条应该是你的健康目标之一。

过多的身体脂肪会破坏大脑花园,这是因为两种机制在起作用,造成胰岛素抵抗和高血糖,使得大脑发炎(疲惫、受损),

还会大量产生炎性化学物质，伤害大脑组织。多余的腹部脂肪会挤占大脑空间，对，你没有看错。《衰老神经生物学》杂志的一项研究揭示，腰围越大，大脑越小。这些针对腰围－大脑关系的研究是以成人为研究对象的，儿科医生担心这也适用于儿童。

西尔斯医生关于保持苗条的简单建议：

1. 尽量母乳喂养。

2. 只吃真正的食物！

3. 多运动！

4. 不吃有添加糖分或人工甜味剂的食品。

5. 用筷子而不是叉子。

肥胖如何影响发育中的大脑：

1. 腹部脂肪越来越多，造成血液中胰岛素水平不稳定。胰岛素就像孩子神经激素合唱团的指挥，如果指挥不在，神经激素乐手们就会纷纷跑调。这就是大脑健康出问题的表现。脑激素和储存脂肪的激素是互相制约的。

2. 多余的腹部脂肪细胞产生的有害生化物质，被称为"黏性物质"。当它们进入血液，会附着在动脉血管壁上，阻碍血液流动。发育中的大脑需要更宽的血管。如果流向大脑的血液速度放慢，大脑的发育和运转也会变慢。

问题和解决办法

肥胖的美国学校。午饭高脂又高糖，自动售货机里出售着含糖的饮料和零食。这就是孩子们在学校得到的健康教育。虽然美国政府一直在强调体育运动的重要性，但很多学校对这方面都不够重视，或者完全不考虑。

在体育问题上，注意下面这些来自美国的统计：

- 根据美国体能和运动总统委员会（PCPFS）的统计，有的学生每周体育课的时间只有一小时。
- 根据美国疾控中心的报告，大部分儿童都没有足够的体育锻炼。缺少运动已经是一个严重的公共健康问题。
- 根据美国学校健康政策研究组织的说法，只有8%的美国小学、6.4%的初中和5.8%的高中，所有年级每天都有体育课。

科学研究无可辩驳地说明了运动对健康的好处，而我们仍然在减少体育课的数量，这是为什么？学校越来越重视数学或科学课程的成绩，却忽视了孩子们的营养和运动。

在学校玩耍。教育工作者和神经科学家都赞同孩子们需要"课间休息"，到教室外面玩一玩。玩耍除了会给大脑带来好处，也给孩子学习的机会。很多新建的学校都有精心设计的活动场地，孩子在那里可以提高社交技巧和运动协调能力。

美国卫生及公共服务部前部长戴维·萨切尔医生认为，运动过少的现象在美国非常普遍，他曾说："幼儿园和中小学中没有对体育的要求，是我们犯下的严重错误，为此我们已经付出了巨大的代价。"

坐着不动。美国孩子坐着面对屏幕的时间超过了在外面嬉戏玩耍的时间。一项调查显示，2~18岁的孩子每天看电视或DVD、玩电子游戏以及用电脑的时间超过 4 小时。孩子大部分时间（每天 2 小时 46 分钟）用来看电视。1/3 的儿童和青少年每天看电视超过 3 小时，差不多 1/5（17%）的孩子每天看电视超过 5 小时。电视上并没有那么多宣传水果蔬菜的广告，孩子们看到的都是高糖高脂肪的垃圾食品广告，这些产品一般都由孩子们的榜样——体育明星代言。自然，孩子们也接受了这些事物，并且认为："这些东西每个人都吃。"在过去 40 年间，随着针对儿童的科技手段、电视节目和电脑游戏的发展，儿童肥胖和糖尿病也日益流行，这并非巧合。

屏幕时间统计。孩子坐得太久是一个问题，另一个问题是他们坐着的时候看到的东西也对大脑不利：

- 研究显示，当孩子在电视前"神游"的时候，这种休息状态的新陈代谢率会降低 12% ~ 16%。
- 孩子看电视时间的长短，跟他们要求父母购买高糖高脂的不健康食品有关。
- 父母常常低估孩子看电视或玩电脑游戏的时间。

要保持苗条，只吃真正的食物！

- 父母常常忽视孩子看电视或电脑时吃的东西。
- 孩子看电视越久，所吃的食物中含有的不健康脂肪越多。
- 肥胖儿童的增加跟看电视时间的增加有直接关系。当孩子的注意力都在电视上，就不太会控制自己的胃口，这称为"无意识进食"。
- 研究显示，孩子看电视越久，胆固醇含量就越高，越容易肥胖。

美国肥胖问题有多普遍？

美国第一位的疾病已经来到中国了吗？不要让"美国制造"的疾病变成"中国制造"。希望家长们从以下统计数据中得到教训：

- 超重的 8 岁孩子变成超重成人的可能性是 25%。
- 80% 的肥胖青少年一生都肥胖。
- 肥胖儿童患阿尔兹海默病的可能性更大。
- 在美国，跟肥胖有关的疾病是造成死亡的第一杀手。
- 60% 超重的 5～10 岁儿童都有心血管疾病的早期症状。
- 在过去 10 年中，由于跟肥胖有关的疾病而住院的儿童人数涨至原来的 3 倍。
- 孩子大脑和学习问题的急剧增加，如自闭症或注意力障碍等，跟肥胖的增加同时发生，神经学家相信其中有一定的关联。

再说一次，孩子要采用传统的亚洲饮食方式（食物主要来自土地和海洋），不要向现在的美国人学习（参见第 245 页"白米效应"）。

- 由于孩子们从媒体上接收到一些容易导致肥胖的信息，美国儿科学会最近建议，儿科医生在学龄儿童的例行体检中建一份"媒体档案"（孩子花多长时间看电视、用平板电脑、玩电子游戏）。

广告信息。美国和中国的孩子一样，都受到太多食品广告的影响。这些广告对公司获利有利，对孩子的大脑却有害。如果要养育苗条的孩子，我最简单而科学的建议就是——让他们远离广告食品，只吃"真正的食物"！

这条建议其实来自大自然母亲，你在本章前面已经看到的聪明饮食，也有控制体重的作用。

中国的肥胖问题有多严重？

随着经济的发展，中国孩子的腰围也在发展。上网查一查"中国肥胖率"，统计数字跟美国相差无几，令人震惊。其实这一点都不奇怪。中国孩子的饮食越来越西化，坐着的时间也越来越长，腰围当然也跟西方人一样在变大。

根据2014年的《华尔街时报》一篇文章的数据，在肥胖率方面，中国已经紧跟美国：

- 美国男孩肥胖率29%
- 中国男孩肥胖率23%
- 美国女孩肥胖率30%
- 中国女孩肥胖率14%

请一定要让孩子保持苗条。

第四章
到外面玩——大自然的神经科学

在美国,医生的字典上出现了一种新疾病,家庭和学校中也随之出现,这就是久坐病。中国也会发生这种情况吗?

运动不足障碍(MDD)

最近有一位家长来到诊所,向我咨询孩子的学习问题。这个6岁的孩子已经有好几种问题了,比如注意缺陷多动障碍(ADHD)。这位妈妈说孩子吃了不少垃圾食品,我告诉她:"你的孩子得的不是注意缺陷多动障碍,而是营养不良障碍。"她说孩子坐的时间太长,我接下来的话让她更加惊讶:"孩子还得了一种病——运动不足。"我给她开的处方只有三个字:"多运动!"

2016年的6月,我在新加坡做了一次巡回演讲,好几位妈妈找到我,她们都担心孩子在学校里坐太久。我一向佩服亚洲老师在纪律方面的管理,他们不会容忍美国老师的做法。他们传递给学生的理念是:

"老师希望你们在学校里懂规矩。"而孩子也会遵守。另一方面，如果大家遵循大自然母亲的教诲"去外面玩"，孩子的大脑就会运转得更好。现在，校园里的各种"流行病"中增加了一种新的自然缺失症。事实上，自然缺失症和运动不足通常结伴而行。

> **西尔斯儿科诊所**
>
> ℞ 多运动！
>
> 服用：每天
>
> 威廉·西尔斯医生

还有一项发现也促使教育工作者重视运动对学习的影响，那就是一旦学生的课间休息时间减少，治疗注意缺陷多动障碍的哌甲酯的用量就会增加。我们相信二者有一定关联。在一项研究中，有注意缺陷障碍（ADD）的男孩被分成两组。一组被称为运动组，每天获得额外的20分钟"处方"运动。而另一个"坐着组"则没有。跟后者比起来，运动组在安静地集中注意力学习上显示出明显的进步，需要的药片也少得多。

还是不相信？美国有一项著名的研究，教育工作者和研究者把有学习和注意力问题的孩子分成两组。一组完全保持原来的运动习惯。另一组是运动组，他们被要求早一点到校，然后在学校操场跑步玩耍半小时。你觉得哪些孩子更能集中注意力，更能摆脱治疗大脑问题的药？结果当然是运动组。

运动如何帮助小小大脑变得更聪明

看看下面这些激动人心的发现，说明运动如何让大脑变得更聪明。

运动浇灌发育中的大脑花园。运动使得更多的血液流向大脑。运动帮助血液流向各个器官，尤其是布满了血管的大脑，而更多的血液意味着更多的营养。

与伟大的科学家度过一夜。下面我要讲一个故事，回顾一下我如何成为一个运动爱好者，并在儿科实践中给孩子开出更多的运动"处方"。一天晚上，我邀请诺贝尔生理医学奖得主路易斯·伊格纳罗来家里晚餐。伊格纳罗博士因发现运动促进血液流动而获得了诺贝尔生理医学奖。他解释说："在你运动的时候，血液在血管中流动得很快，血管内壁会产生一种天然物质一氧化氮（NO）。一氧化氮使血管更宽，使更多的营养素到达大脑。"伊格纳罗博士讲的都是很深奥的医学术语，我画了一个浅显的图，后面就可以看到。

我把博士的解释总结为："运动就好像是在教大脑花园为自己生产天然养料。"

"你说得很对！"伊格纳罗博士回答。

要向小学生解释这位诺贝尔奖得主的研究，说明膳食和运动这个活力二重奏的机制，我会用这种有趣而简单的说法："在你的身体里，有一个大大的药房，为你一个人提供聪明的药品。这个药房在你身体的什么地方？就在血管内壁上，那里被称为血管内皮。想象一下，在这些内壁上有上千亿个小药瓶。当然了，它们看起来跟这幅画上不一样，不过在高倍显微镜下它们就像小小的喷射瓶，这就是腺体。有的人会生产很多大脑药物，有的人则不会。区别就在这里。"

生产自己的大脑药物

药店营业

释放自然药物
血管内皮生长因子
(VEGF) →

首先，我们看看这个孩子的血管，他很听妈妈的话，会吃很多蔬菜、水果和海鲜，还常常出去玩。注意这个孩子的血管很粗，血液流得很快，药瓶都是开口的。这个吃得健康也喜欢运动的人有更强壮、更健康的血管，帮助他的大脑花园长得更聪明。我最喜欢的大脑花园"养料"之一就是VEGF（血管内皮生长因子），就把它简称为"因子"吧。

药店关闭

黏性物质 →

这是一个久坐、吃不健康食物太多的人的血管。注意有很多黏黏的东西堵在药瓶上面。要记住这句话："你把黏黏的食物放进嘴里，就在药瓶上堆满了黏黏的东西。"你可能注意到，血液的流动速度慢得多，血管也窄得多。那么，这就是一个没给大脑花园提供养料的人。

伊格纳罗博士说的就是这个道理。当你运动（比如跳舞、游泳、快走或者打球）时，血液在药瓶上方流动得更快。这会产生一种特殊的能量场，使得药瓶打开，释放出天然药物，促进血液流动。这就是运动为大脑提供养分的道理。

孩子会明白。有一位妈妈的孩子听过我的这个故事："那天晚上你在学校里讲了'黏黏的东西'，然后我们开车去一家汉堡店。我6岁的儿子批评爸爸：'爸爸，我们不能把那个黏黏的东西放进嘴里，要不然我们的血管和脑子里就会有黏黏的东西。'"孩子明白这个道理。

血管内皮功能异常。过去10年中，医疗界最重要的一个术语是"血管内皮功能异常"。血管内皮指的是血管的内壁，是孩子体内的药店。血管内皮功能异常意味着动脉由于黏性物质的堆积而变得僵硬，造成血液流动不畅。而孩子发育中的大脑花园需要持续的灌溉，或者说血液流动，上述情况对发育中的孩子可不是件好事。

以前血管内皮功能异常只是成年人的问题，现在也出现在青少年身上。2014年，比利时的一项研究表明，肥胖儿童容易出现动脉硬化，首先出现的症状之一就是高血压。僵硬的血管导致血液流动不畅，会放慢组织的发育速度，血管丰富的器官尤其会受到影响，比如大脑。

仔细看看下页这条从出生到年老的动脉血管。悲观地说，这是一般美国人的动脉情况。还要记住，大脑健康的一个重要原则在这本书中已经说了好几次了，那就是只有当输送营养物质的血管健康，大脑才会健康。当宝宝来到这个世界，他们有着光滑、通畅的血管——没有黏性物质。未来，中国的孩子也许会越来越"西化"。他们把黏黏的食物放进嘴巴，在动脉内壁上积累黏黏的物质。儿科医生开始在5～10岁儿童身上发现脑血管问题，这开了先河。人类血管数不胜数，而且一般都保持开放，直到黏性物质持续堆积、人们开始遭遇中风或其他脑血管问题才发觉。你应该明白，预防动脉堵塞要从孩子做起。

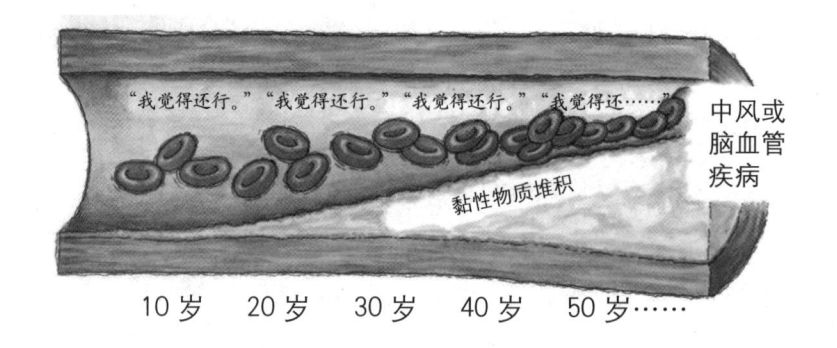

"我觉得还行。" "我觉得还行。" "我觉得还行。" "我觉得还……" 中风或脑血管疾病

黏性物质堆积

10岁　20岁　30岁　40岁　50岁……

运动不仅让血管更通畅、血流更快，还会产生更多的血管。记住贯穿本书的观点——器官的健康程度跟输送血液的血管健康程度息息相关。这个"老生常谈"对大脑尤其重要。大脑里血管越多，发育得就越好，就像花园里灌溉渠道越多，植物就长得越好一样。事实上，神经科学家现在开始使用"灌溉不足症"这个说法，简单地说，就是大脑花园得不到足够的水分和养料。

饮食和运动——大脑健康伴侣。 运动和饮食被称为活力二重奏。意思是说当你同时重视这两者，它们会合作愉快。健康饮食让黏性物质远离血管，运动让药瓶打开，释放出有利于大脑健康的天然药物。

运动为大脑花园提供养料。运动的身体对发育中的大脑也有好处。除了增加流向大脑的血液，神经科学家发现，运动还为大脑提供"成长食物"。运动促使血液更快地在血管中流动，流向大脑的血液增加，会释放更多被称为神经生长因子（简称NGF）的大脑养料。我推崇的运动产生的另一种大脑养料是血管内皮生长因子，这种天然的生化物质使得血管内壁保持畅通。

一天晚上，我搞错了一场演讲。我以为演讲是针对成人的，结果发现等着我的竟然是很多小朋友。我的解决办法是：转换大脑。带孩子们来一趟聪明的旅行，目的地是"蔬果园"，在那里他们的大脑就像花园一样在生长。我们的主要角色，或者说主要养料，就是因子。讲座结束以后，10岁的安娜贝尔给我看她画的画，画的是因子从血管内皮药瓶中跳出来，去帮助大脑变得更聪明的故事。

运动释放快乐激素。为什么大自然母亲建议用"出去玩"来治疗孩子的厌学和不良行为，这就是原因之一。让血管放松的神经化学物质，同样也会让大脑放松。流向大脑的血液增加，会促进提升情绪的激素的释放，这种激素就是快乐激素。很多成人都在服用改变情绪的药物，比如针对情绪低落或者焦虑的药品，要知道提神醒脑的运动也有同样的效果。这是科学认可的。新的研究表明，跟治疗大脑问题的处方药比起来，除了情绪极度低落的情况，让人精力充沛的运动跟药物的作用是一样的，还更加安全。

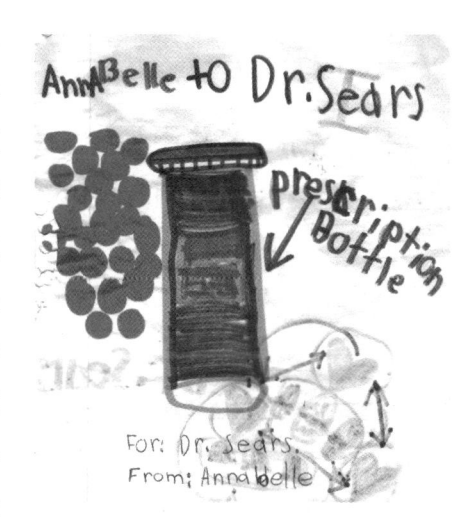

运动产生抗氧化物质。一氧化氮（NO）也是一种神经递质，这也是运动让孩子的大脑花园发育得更好的一个原因。神经递质就像生化邮件一样，将信息从一根神经纤维传递给另一根，这就是我们思考和运动的方式。一氧化氮还是天然的抗氧化剂。我相信孩子发育中的大脑花园需要更多的一氧化氮，因为他们的大脑运行得非常努力。事实上，有的神经学家认为，如果大脑里的一氧化氮消耗殆尽，我们就容易患上阿尔兹海默病，阿尔兹海默病可能就是一氧化氮不足产生的疾病。

快乐制造大脑养料。想跟朋友好好聚一聚，告诉他们为什么运动对大脑有好处？假如你跟一些家人朋友在一起，还有几个小朋友，可以说:"孩子的大脑该吃药了!"大家脸上可能会出现困惑又震惊的表情。你可以接着说:"我们要在附近小区散步10分钟。你们知不知道,运动可以帮助小朋友的大脑变得更聪明?"这样做不只对你的孩子很好,还会帮朋友的孩子变得更聪明。

前面我提到,孩子需要快乐的爸爸妈妈。运动就是对抗压力的快乐药物。爱运动的人都很高兴听到这些有科学依据的说法,比如"跑步能让心情愉悦""运动能缓解情绪"。虽然运动之后的情绪缓和作用,对不同的人有不同程度的影响,不过很多人都把跑步后的愉悦称作"纯粹的快乐""欢欣鼓舞"(一种天人合一的感觉)、"内在和谐""精力过人",减少了痛苦。

> 我们在培育自己的大脑花园!

运动者的大脑更发达。运动带来更强壮的骨骼和肌肉，也带来更发达的大脑。大脑跟肌肉一样，不运动的话就会萎缩。这也是老年人坐得太久，脑部退化的原因。科研人员研究了喜欢跑来跑去的动物（小白鼠），发现如果它们经常在转轮里跑动，长期下来就会产生更多的大脑细胞。

磁共振扫描显示一周运动3次，每次一小时，会增加大脑容量。虽然这些研究是在成人身上进行的，但对孩子也适用，运动会增加有利于大脑发育的养料，运动的孩子大脑会发育得更好。

越健康越聪明

健康对大脑很有利。孩子运动得越多，吃得越聪明，就会越健康（身体和头脑都是如此）。伊利诺伊大学香槟分校的两项针对9岁和10岁儿童的研究显示，运动会提高学习能力。健康的孩子在注意力测试中得分更高。事实上，从磁共振成像可以看出，这些孩子的基底核更大，基底核是大脑中保持注意力集中的关键部分。另一项研究发现，健康孩子大脑中的海马体更大。

到户外玩

对于那些上课坐立不安的学生，通常是男孩子，美国老师最常见的抱怨是："他一整天都瞪着窗外。"也许他就是想到外面去。这种"室内病"跟医学词典上的新词"久坐病"是一对儿。你家附近的药店是不会找到这种常见疾病的处方药的，而大自然母亲会开出"处方"——

"到外面玩"！

自然界如何滋养发育中的大脑？户外运动为什么对大脑有好处，原因就是我所说的"回放理论"。在户外，大脑会回到自己数千年前所处的自然环境中。在森林中散散步，大脑会开始想："这就是你长大的环境，这就是你为了进化而居住的地方。欢迎回来！"

人类的历史包含着遥望蓝色的天空和海洋、繁花盛开的森林和五彩缤纷的植物。而现在的学龄儿童和上班的成人都被迫坐在非自然的环境之中。当然，人类大脑能适应不断变化的生存环境，所以我们才如此聪明。但这种适应理论只有一部分是正确的，而且对普遍存在的大脑健康问题要负一定责任。不健康的状态是身体、头脑和精神的不平衡。去户外玩有助于人体重获平衡。

我们天生要散步。大自然是大脑最早的药，希望所有的家长都深入了解并付诸实践。"笑一笑，十年少"的原理也跟这一点很接近。之所以保护眼睛这么重要，就是因为那给了我们对大自然的第一印象。自然是如何持续不断地给发育中的大脑带来好处的，下面你将会了解到。

记得有人曾经对我说："我们不需要像祖先那样运动，我们又不要去追狮子老虎，或者一天走上几万米去找吃的。"我回应说："对，不过我们存活下来的主要原因是我们的智慧，运动会帮助我们的大脑变聪明。所以，这仍然是我们的生存机制。"

在人类历史上，大自然对精神和身体的治疗作用从来没像现在这样重要。虽然对身体疾病的治疗已经有了长足的进步，但现代医学在精神疾病的预防和应对方面还远远落后，现在精神疾病在各年龄段人群中都非常普遍。10%的学龄儿童都有各种"障碍"；更多的成人服用精神类药物，因为医生不知道还能做点什么，或者坦率地说，除了开处方，也没有时间做别的。当看到病人有问题，比如注意缺陷障碍（ADD）或者强迫症（OCD）等，我常常想的是这个人得的是运动不足障碍（MDD）或者营养不足障碍（NDD）。而我的处方是：到户外玩。

古代最伟大的心身医生（希波克拉底和柏拉图）都相信"以食养生"。而更伟大的心身医生是大自然母亲。户外运动是心理和身体的最好医药。当我们让大脑离开天生所处的自然环境，就会付出精神的代价。当然，没有人想要回到丛林中或非洲大草原上，但我们天生就应该多在户外散步。即使是用电脑，也应该靠近窗户，最好是开着的窗户，在你工作的同时，你的眼睛应该尽可能接触到自然的色彩和风景，耳朵听到自然的声音。

自然神经科学是一个让人振奋的新研究领域，证明了大自然母亲的正确性。对于现代社会坐得太久、接触太多电脑屏幕的孩子来说，享受林间散步或者公园里的游戏有特别的治疗效果。孩子们曾经在室外运动、玩耍，而现在却待在室内玩电脑游戏——他们变得越来越不健康，不高兴，也越来越胖。

给孩子拍张照片。想象一下，你跟孩子在公园里散步，碰到了小区里友善的神经科大夫，给你和孩子的大脑都拍了张照片，看看当你们外出散步时大脑中在发生些什么。这叫做功能磁成像，这种技术可以显示当你去户外玩时，大脑发生的健康变化。

大自然对大脑发育的作用

大脑	• 制造更多、更健康的大脑细胞 • 产生更多的快乐激素 • 缓和你的情绪 • 修补受伤的组织 • 减少痴呆
眼睛	• 享受视觉上的休息
心脏	• 降低血压 • 降低因压力提升的心跳频率
胃部	• 缓解"排斥行为"——炎症、消化不良、便秘
免疫系统	• 平衡应激激素 • 增强抗感染能力
关节	• 减少发炎
寿命	• 更长寿

（参见第245—246页"在森林中散步","大脑中在发生什么"）

绿色成长和电子成长：两个孩子的故事

在大多数国家，跟自然的接触减少，过度使用电子产品，正发生在越来越小的孩子身上。

绿色成长的格雷西。她的小床正对窗户，每天在自然的光线和声音中醒来。墙纸上的图案是开花的植物和玩耍的孩子。格雷西的智能手机放在门口的桌子上，出门上学的时候才会带上。她早餐吃的是聪明食物，餐桌上更多的是与家人交流而不是高科技互动，看到的是家人的脸庞而不是手机。格雷西更喜欢自然的景色，而不是电脑屏幕。

到了晚上，她的世界慢慢进入黑夜，思维也慢慢放松，身体和大脑都准备好了要睡觉。在上床以前很久，她就完成了作业。因此，当柔和的音乐响起，所有亮着的屏幕都关掉了。柔和的光线和声音正是睡眠医生的要求。她的身体告诉大脑："准备好去睡觉。"大脑接受了命令，发"邮件"给眼睛。眼睛起警觉作用的神经激素水平降低，而褪黑素等睡意激素增加。

电子成长的小楠。和绿色环境中成长的格雷西不一样，小楠大部分时间都在玩电子产品。他不像格雷西那样享受自然的景色和声音，总是勾着脖子，低头看手机或者平板电脑。吃晚饭的时候，大家都在

看着彼此认真交流，小楠却在看手机上的视频或游戏。他跟机器越来越接近，跟人越来越疏远。

关注大脑发育的神经科医生有一个重要议题：联系在一起的神经元也会一起工作。你可以看到格雷西和小楠联系和工作的方式都不一样。科技迷会说学习新奇的电脑游戏对大脑有好处，因为大脑就是在新鲜事物中发展起来的。这个说法我在一定程度上同意。过去的几千年中，人类进化得越来越聪明，就是因为我们能适应变化中的世界。从根本上说，大脑就是在适应中变聪明的。

问题是平衡。在绿色环境和电子环境中找到平衡，也许会帮助孩子学到各种技能，在这个不断变化的世界中生存下去。越来越多的精细手术需要用机器人来进行，而不是手术刀。也许电脑游戏就像医学院的预科课程。这只是一厢情愿吗（参见第133页"聪明地使用高科技玩具"）？

绿色环境下成长的孩子面对的既有自然也有科技。他们在两者之间寻求平衡，知道什么时候应该放下手机，深深地吸一口气，享受自然美景。而在电子环境中成长的儿童，他们的大脑发育也许走上了错误的方向。

你希望孩子跟什么发生联系？是他们将会永远拥有并欣赏的大自然，还是不可能给他们带来长远满足的电子产品？还是更糟糕的，由于他们的错误导致的各种精神疾病？

眼睛感觉很舒服

对大脑好的事情对眼睛也有好处。因为眼睛是大脑的延伸，是大脑健康的窗户。

一些表示感觉良好的说法，比如"赏心悦目"是有其神经科学基础的。新皮质是大脑中最大的部分，也是我们之所以为人的部分，其中40%都用来处理视觉信息。神经科学家将自然美景称为"自然镇定剂"。当你漫步林间，在花园里闲逛，或者仅是看向窗外，风景进入视网膜－下丘脑通路，神经语言从眼睛到达大脑的"愉悦中心"。这也是"日光疗法"的神经科学基础。

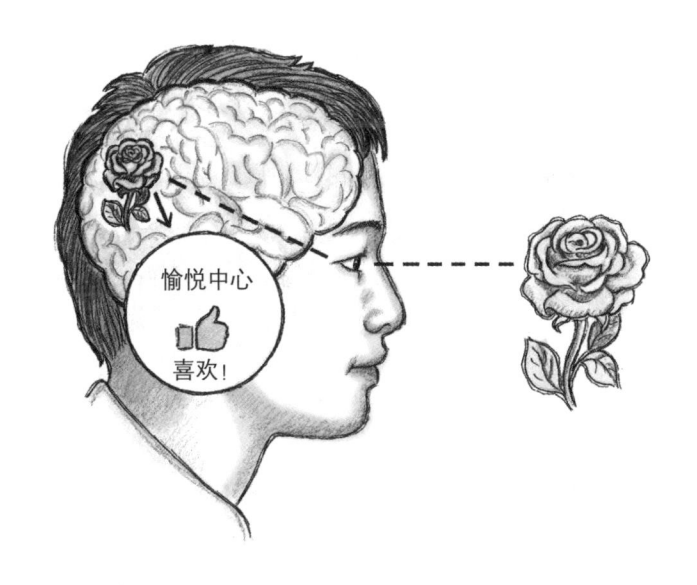

请调一下我的床！ 研究也支持所谓的日光疗法。日本科学家在一家医院进行了实验，动过手术的一半病人，他们的床调整为正对窗户。跟那些床铺对着墙的病人比起来，这些对着窗户的病人痊愈得更快。如果可能的话，你应该也把孩子的床对着窗户，让他们在自然光线中醒来，他们的游戏场地也该对着窗户。如果是大点的孩子，课桌最好对着窗户。

帮助孩子享受花园效益。尽可能多地带孩子去花园里散步。美国人常说"停下来嗅嗅花香",意思是停止担忧,放空大脑,让自然的声音和景色赶走大脑中不快乐的思想。

树叶教给我们的道理。本书关于自然神经科学的一部分内容,是我在一场关于大脑健康的巡回演讲中写出来的。2016年6月,我参观了新加坡滨海湾花园。这个世界上最令人激动的花园,让我了解到植物的运动对健康的影响,跟人类的运动有着类似的作用。世界上最伟大的花园建造者修建了这座植物王国,但之前很长一段时间都有植物在枯萎、死去。这些植物得到了足够的水、阳光和养料,还是死掉了。为什么会发生这样的情况?直到一位科学家观察到这些树的树叶是静止的,谜底才被揭开——缺乏运动就是问题所在。

在大自然中,风吹动树叶和枝条,给根部提供营养。意识到这个问题之后,花园安装了风扇来吹动枝叶,模拟大自然的方式,那些植物才得以欣欣向荣。

> 运动让你欣欣向荣,
> 静止让你凋谢枯萎。

把户外带到室内。把房间摆满植物。如果你的居住环境不适合开窗，或者不能天天外出散步，那试试把户外的风景带到室内。堪萨斯州立大学的研究者们发现，被植物围绕的人情绪更稳定。除了到外面散步，如果天气情况不允许外出，也可以在电视、电脑上看看关于自然风景的视频。研究人员发现，看自然风景有助于心理健康，还有心血管镇静效果。

大自然带来的愉悦不仅让我的头脑得到安定，还会促进创造力发展。当我在写作中碰到死胡同或者瓶颈的时候，就会去散步、游泳，或者看看窗外，关注自然的美景。很快，灵感就重新降临了。

对于大自然母亲的这个简单处方"到户外玩"，现代心理学甚至给了它一个名字——复愈性环境。意思就是：可以改进恢复注意力的环境类型。由心理学家和技术人员写的一篇文章给我留下了深刻印象，这篇文章开头写道："想象一下，有些治疗方法没有任何已知的副作用，随处可见，增进认知功能，不需任何费用……"密歇根大学进行了一项有趣的研究，将学生分为两组：一组要在植物园或安静的林荫大道散步 50 分钟；一组在校园所在的安娜堡的繁忙市区散步，市中心交通拥挤的街道两旁都是办公大楼。这项研究说明，散步不是唯一要考虑的因素，还要考虑你在哪里散步、你对治愈有什么想法。在大自然中散步，你会得到治愈和放松。而在市中心散步没有这种效果，大脑会继续保持紧张，集中注意力，这样你才不会被车撞倒，被交通噪音吓到。你的注意力还会被闪烁的灯光和其他周边事物吸引。在拥挤嘈杂的城市里散步的时候，你的大脑并不高兴。

我的早期"自然治疗"。我成长于一个经济窘迫的单亲"弱势群体"家庭，曾经觉得自己的生活很糟糕。但是，回过头去看，我发现自己的精神非常健康。我没有什么选择，必须打工挣钱养活自己。我的玩具来自自然——木头、球、小溪、钓鱼、爬上爬下。那时候，针对注意缺陷多动障碍的治疗方案是"到户外玩""修个树屋""去钓鱼""到森林里去散步"。我相信大脑中牢牢刻下了对大自然的欣赏，我现在仍然热爱那些宁静的环境。

我四年级的老师玛丽·厄苏拉修女，对现在被贴上注意缺陷多动障碍标签的孩子有着绝佳的药方。上学时的每天上午11点到下午2点，她都会把手放在我的肩膀上，说："威廉，你坐立不安好长时间了，去操场上跑3圈，然后回来安安静静地坐着。"这个方法非常有用！60年之后，神经科学家会证明，要安抚学生的情绪，运动是比药物更安全的办法。

为什么注意缺陷多动障碍等问题，在青少年中越来越普遍，我有自己的推测。人类一度很欣赏彼此之间的差异。想象一下，很久很久以前，在一个遥远的地方，部落的首领将所有的孩子聚集在一起，对他们各自的特点都非常满意。这些都是最健康、聪明的孩子。

下面我们来看看乔。他很容易冲动，不能好好坐着，不过在森林里他非常善于集中注意力，非常适合做猎人。他这么机警，做捕猎小分队的哨兵也不错。我们不会用不适合他的工作去打击他。而苏茜的性格就比较灵活、顺从，哪里需要都可以找她。

快进到现在的教室。我们训练乔的方式是教育部门制定的，他的大脑跟老师的要求不匹配。乔总是看着窗外，想要出去。

因材施教太费时费钱，除此之外，我们也不知道该怎么做。于是，只能找个简单的办法。与其给教育系统服药，还不如给乔一个人吃药。乔的想法越特殊，得到的药物就越多。

第五章
婴儿、幼儿和学龄儿童的大脑发育技巧

聪明游戏——孩子的第一所学校

我们是 8 个孩子的父母,在儿科实践中也积累了大量经验,下面我们要提供一些最好的大脑发育技巧,给养育各个年龄段孩子的聪明家长们。

出生到两个月。 爸爸妈妈或其他看护人是帮助宝宝大脑发育的最好玩伴。跟宝宝互动就是在陪他们玩,帮助他们的大脑发育。

- 脸对脸的游戏。从两个星期到两个月这个阶段,宝宝最喜欢的游戏(一分钱都不用花)是脸部游戏。这个时候宝宝处在安静警觉的阶段,把他放在注意力能集中的最佳距离内(大约 20 ~ 25 厘米),然后慢慢伸出你的舌头,尽量伸长。当宝宝也开始动舌头,甚至也伸出来,那你就成功了。再试试张开你的嘴巴,或者改变嘴唇的形状。脸部表情是有感染力的,比如跟宝宝一起打哈欠也很好玩。

- 镜子游戏。做模仿面部表情游戏的时候,要模仿宝宝的表情再夸张一点。这种"镜子游戏"可以极大地帮助宝宝建立自我意识。宝宝也喜欢模仿你的表情变化，就像跳舞一样，你领舞，宝宝跟随。脸部表情是宝宝觉得最好玩的。

2～4个月。现在宝宝的视力更好了，至少可以看到几米之外，拿在手上的玩具最受欢迎：宝宝可以抓起、拉扯摇铃或者橡胶圈，从一手换到另一手。晃动发出声音的摇铃会培养宝宝的因果联系概念，这是3个月左右宝宝学习上的大飞跃，也就是所谓的偶然性游戏。这个时候宝宝知道自己的行动和发生的事情之间的联系："我碰一下小车，它就动了。我摇一下摇铃，它就响了。"这是大脑发育的一个里程碑。当宝宝意识到自己的小手可以做什么，注意看他们脸上惊奇的表情。

2～4个月宝宝的视觉发育会经历一个飞跃，这个时候爸爸妈妈会发现宝宝开始关注周围世界了。

4～6个月。这个阶段宝宝开始发展双眼的视觉，看得更清楚、更远，因此这个时期的游戏对大脑发育更为重要。发达的视力使宝宝可以看到你的整个身体，而不只是脸。他们的眼睛可以180度地追踪移动的物体，更好地理解你的手臂动作等肢体语言。

下面这个故事来自玛莎的日记，是在我们的儿子马修还是个婴儿时写的：

> 在马修4个月的成长过程中，最让人兴奋的是他用视线与我交流的方式。他把头仰起来，看着我，用眼睛说谢谢你。我能感受到他眼神里的爱，也能感受到他越来越善于表达。

一个孩子最喜欢的大脑发育游戏非常简单，那就是让宝宝伸手够你的脸和头发。宝宝做这件事的时候，大脑中的视觉和触觉中心都在交流和发展。当宝宝伸出手来，用小手在你脸上探索，一定要跟他们说话,告诉他们现在在做什么。那是大脑发育的另一个步骤。

大概 5 个月的时候,宝宝开始玩积木。要用那些颜色鲜明的积木,比如红色、黄色和蓝色的,木质积木最好。这个阶段宝宝也喜欢可以捏出声的玩具,因为他们手的力量更大,也能用小手捏皮球了。

4～6 个月孩子最喜欢的游戏:

- 坐着拍拍。把能引起宝宝兴趣的小车等玩具放在他们触手可及的范围内,他们会拍打这些玩具,或者想办法把玩具抱在怀里。
- 抓抓摇摇。给宝宝摇铃、圆圈、小娃娃、小毯子和树枝。
- 躲猫猫。你可以藏在布或者纸板后,一定要边藏边跟宝宝说话,然后做出夸张的表情:"妈妈在哪儿呢?……妈妈在这儿呢。"
- 手指游戏。让宝宝用手指触摸东西,比如一卷卫生纸或者一团线(在大人陪伴下)。

- 镜子游戏。玩一玩"镜子游戏"。把宝宝放在镜子前，让他们跟镜子里的自己玩。如果你抱着宝宝一起站在镜子前，他就会开始明白镜子里的宝宝就是自己。
- 拍拍水花。洗澡的时候，宝宝可以发现自己手臂的力量。
- 小手游戏。宝宝能够到的所有东西，都想要抓一抓。记住，他们每一次伸手去抓、每一次探索，大脑都在思考这个东西是什么、有什么用。在这个阶段，宝宝会更多地使用手指来玩耍。

6~9个月。这个阶段宝宝大脑中的决策中心发育得更好了。在宝宝面前放3块积木，看看他若有所思的表情。他会一手抓起一块，脑子里还在想第3块该怎么办。

除了爬来爬去地探索世界，这个阶段宝宝运动能力方面最重要的发展是拇指食指的配合使用。在这之前，宝宝抓东西要靠整只手，就像戴连指手套一样，把东西抓在手心里。不过现在他们可以用拇指和食指拿起东西了，就像小筷子一样。到了八九个月，他们的技能进一步发展，会用指尖捏东西了。

> **西尔斯医生的发育建议：循序渐进比按部就班更重要**
>
> 你的宝宝发育到了哪个阶段？到了他自己的阶段！每个宝宝在不同的阶段做不同的事情，重要的是他们每一个阶段都有进步。

捏东西让大脑得到进一步发育。这个时候宝宝需要注意力更集中，因为他们需要更长的时间来用拇指和食指捏起小小的饭粒。

这个阶段的文字游戏对大脑发育尤其有利。我家宝宝喜欢的一个游戏是：小熊一圈一圈跑一跑（用手指在宝宝肚子上画圈）。

- 一步一步又一步（手指从宝宝肚脐"走"到脖子）。
- 小脸下面挠一挠（挠挠他的下巴）！

因为宝宝想要把所有够得着的东西都抓在手里，这个阶段还有一个有利于大脑发育的天然游戏。在宝宝身边摆上一圈球。这个时候宝宝太小，还不会抓到球以后扔出去，但他们已经可以把球抓在手里。球的大小要让宝宝能用双手抓住，最好是用软软的海绵做成，这样宝宝一只手就能握住球。

宝宝也喜欢"偷东西"游戏。马修还小的时候，我抱着他，他会瞄准我上衣口袋里伸出来的笔，在他大脑的小小信息库里，已经保存着我的上衣口袋里应该有什么东西的印象。如果我再穿同样的衣服，而口袋里没有笔，他看起来会惊讶又失望。

9～12个月。积木仍然是宝宝喜欢的大脑发育游戏。到了11～12个月的时候，宝宝一般都能搭起两块积木，并开始建造第一座积木塔。

到了这个阶段，有助于大脑发育的消失－出现游戏，比如躲猫猫游戏——"你在哪儿？"会更受欢迎。当你躲在布或纸板后面，再次出现的时候，注意宝宝脸上的快乐表情，一般来说他们还会哈哈大笑。也可以让宝宝躲起来，比如用纸尿裤把宝宝的脸遮住，同时说话："宝宝在哪儿？"当宝宝拨开遮挡物重新出现，你要高兴地说："在这儿呢！"

躲猫猫游戏促进孩子的记忆力发展。宝宝的记忆中储存着爸爸妈妈躲起来的样子，当爸爸妈妈重新出现，他们发现爸爸妈妈跟自己记忆中的一样，就会非常高兴。

12～15个月。现在宝宝可以站起来走路了。你的家变成了学校，而宝宝会探索每一个地方。他们特别喜欢开门关门，把橱柜里的东西拿出来扔得到处都是。在这个阶段，收纳游戏很受欢迎，也有利于大脑发育。

到了 15 个月，宝宝一般都能把圆形的积木放进圆形的洞里，他们还是喜欢搭积木。看到宝宝每个月都有进步非常有趣，积木越搭越高，宝宝也越来越大。

在一个关于大脑发育的会议上，发言者讲述了纽约古根海姆博物馆的设计者——著名建筑设计师弗兰克·劳埃德·赖特的故事，他的建筑天才很大程度上来自童年的积木游戏。

宝宝还喜欢客厅里的躲猫猫游戏。小鼓、钢琴或其他键盘玩具，也是能促进一两岁宝宝大脑发育的玩具。不要指望孩子会敲出什么旋律，不过宝宝会了解到敲击不同的琴键，会得到不同的声音。

15～18 个月。带宝宝到附近的游乐场去玩吧，他们迫切需要爬上爬下。这个阶段的孩子喜欢推拉玩具，比如玩具小车。手部技巧更发达，喜欢玩形状分类和叠杯子游戏。

宝宝开始艺术创作。如果不喜欢墙上画满颜料，跟宝宝一起坐着在纸上涂鸦吧。

18～24 个月。爬楼梯对大脑发育很有好处，因为宝宝需要动用大脑的多个区域，才能避免摔跤。在这个阶段，宝宝的运动能力开始发展，他们喜欢在公园里荡秋千、玩单杠（有大人帮忙）。他们还喜欢蹦床，对自己的弹跳能力感到很吃惊，当然要在大人的监督之下。这个阶段的宝宝还非常喜欢球类游戏，以及手指涂画。

对这个年龄的孩子，最好的大脑发育游戏是声音拼图。这对 16 个月到两岁的孩子尤其有效，这时候他们喜欢手眼配合的游戏，比如拼图游戏，做得对会让他们很有成就感。在声音拼图游戏（我比较喜欢

农场动物）中，宝宝要选择图形放到正确的格子里。比如当他把牛放到了正确的地方，游戏板就会发出"哞哞"的叫声。宝宝会非常开心，觉得："我做对了！我很聪明！"

公园里的散步

在写这个部分的时候，我带一岁半的孙子利维去公园玩。我拉着他的一只手，他的另一只手拉着我们的小狗德利拉。这个公园他已经跟我去过很多次了，大脑里储存着公园里将会发生的好玩的事情，而每次回放都使大脑花园发展得更好。我们快要到达公园的时候，他在草地上跑起来，当他调整自己的步伐，在地面不平的情况下保持平衡，大脑中会产生更多的细胞。

他一手牵着我，爬上一尺高的架子。等他觉得安全了，会想爬得更高一点。他的大脑在"我要爷爷帮忙"和"我要自己做"之间寻求平衡。也许会自己尝试独立攀爬,在能力不济的时候,他也会伸出手来向我求助——爸爸妈妈在看着孩子玩时有不同的表现,这也是一种平衡。妈妈会提醒孩子"小心一点",而爸爸则鼓励孩子"爬高一点"来实现平衡。他们的做法都是对的。

对利维来说,接下来他的大脑发育体验来自同龄人的压力。他会留意到大一点的孩子爬得更高,还会去玩滑梯。每个孩子都有这种天生的自然的模仿需求。当然,那些大点的孩子会帮助利维发展更多的攀爬技巧。

玩具界的最高奖项——皮球。公园地上有个蓝色的皮球,我看着利维用一个简单的皮球玩出了好多花样,帮助大脑发育。他踢它、拍它、触碰它、当它滚远时去追它。当他玩腻了这个皮球,还会跑到小朋友面前邀请别人一起来玩。他还需要培养眼手协调能力来抓住皮球。现在的玩具店越来越大,玩具也越来越贵,但没有什么能跟一个简单的皮球相提并论。孩子们的成长总有球相伴。随着孩子越来越大、越来越强壮,也可以玩越来越大、越来越重的球。多给球一些机会吧!

在写这个部分的时候,我还跟 5 岁的孙子兰登玩过投接球的游戏。我想象要让孩子准确地接住皮球,大脑的视觉和行动区域应该如何同心协力。

当你扔球的时候,孩子看到了你的手部动作。大脑中的多个部分立刻开始彩排接下来需要采取的行动:大脑视觉中心立刻通知它的伙伴——控制手臂动作的行动区域——准备接球。然后视觉和行动区域同时发力,追踪到球的轨迹,在适当的时刻抓住球。就在接球的一瞬间,大脑里发生了很多关联。孩子玩扔接球游戏玩了那么多年,你能想象大脑因此受益了多少吗?

可能你看到的只是跟孩子一起玩的表面现象，但即使是一个简单的扔接球游戏，也让孩子的大脑得到学习。

不要担心，只要游戏。 20世纪80年代的美国有一首流行歌曲，名字叫作《不要担心，只要快乐》。越来越多的研究表明，我们跟孩子的互动越多，孩子的大脑就越聪明。这是件好事，因为父母开始意识到跟孩子玩并不是在浪费时间，而是他们为孩子提供的一种"早教"。有的父母也许会担心："我对孩子的鼓励够多吗？"别担心，只要跟孩子玩就行。你唱的歌，说的话，玩躲猫猫，都让你在享受游戏时间的同时帮助孩子的大脑发育。

游戏对大脑发育的影响

你会给刚出生的宝宝揉揉脖子，用轻柔的话语，带着大大的笑容跟宝宝交流，他哭闹的时候你会给他哺乳，背宝宝做事的时候你会跟他说话。也许你觉得自己只是在带孩子，但实际上这些行为都在帮助宝宝的大脑发育。

当宝宝来到这个世界，他的大脑是一片神经细胞的丛林，很多"树木"都在等待着彼此联系。发育的大脑中有上亿个脑细胞，每一个都跟其他上千个脑细胞相连，这样孩子长大成人以后，大脑里会有上千亿个联系。

人们一度认为孩子出生的时候，大脑中已经规划好了"地图"，就像已经布好电线的新房子一样，而这种"地图"是孩子的基因决定的。现在这种理论已经不那么受重视了，孩子智力中20%～50%的决定因素，以及大脑中最终形成的大部分联系，都来自环境的影响，而不是遗传基因。简单地说，基因也许决定了大脑中一些主要的脑回路，但环境才是决定脑神经细胞互相关联的最重要原因。

玩具理论：重点是解决方法，而不是问题本身

解决问题的能力是你能教给孩子最宝贵的工具。一开始应该注意你看待问题的态度："重点是解决方法，而不是问题本身。"孩子碰到问题："妈妈，我的玩具坏了。"你可以简短地表示同情，然后很快转向："我们把玩具修好！"你应该尽早让孩子明白少在担忧上花精力，而要更多着眼于如何解决问题。这种情绪转换技巧会让孩子的思绪更加清晰，因为他们会把浪费在担忧上的精力投入到寻找解决方案上去。着眼于解决问题是成功人士的秘密。举一个例子，索尼公司的管理人员就坚持让员工具有这种解决问题的态度。公司CEO有严格的规定："不要带着问题来找我，要带着解决方案来。"

这些年来我多次使用这个方法。哭哭啼啼的人会让你疲惫不堪。他们只看到问题，让人精疲力竭。我很忙，需要保存精力，因此告诉前台这样回应那些只会抱怨的人："西尔斯医生重视的是解决办法，而不是问题本身。请找到解决方案再打电话来，我们会帮你付诸实践。"

如何教会孩子把注意力从"我有问题"转移到寻找问题的解决办法上，这里有一个例子。首先要轻松地讨论他们的问题。然后问孩子能不能找到3种可能的解决方案，并写下来。再帮孩子选出一个最佳方案。讨论结束的时候，鼓励地拍拍孩子的后背："哇，这个问题找到了聪明的解决办法，感觉真好啊！"

对大脑发育的一个典型误解是，到孩子高中阶段才开始学习外语。孩子应该在大脑语言中心发育最快的时候开始学习第二语言——也就是 1～5 岁。当然，他们什么时候都可以学外语，不过越早开始越好。

聪明的玩具

除了跟爸爸妈妈或看护人玩，玩具也是非常好的教育工具，既能让孩子玩得高兴，也会帮助他们变得更聪明。以下是我从自己家和儿科实践中总结的一些关于玩具的建议：

1. 玩具会教给宝宝什么？ 一些玩具会吸引宝宝的注意力，并跟他们的大部分感官发生联系，比如触觉、视觉、听觉，这些很好。宝宝是天生的建筑师，所以积木是最好的教育玩具之一。孩子们可以把积木一层一层搭起来，看看能搭多高，然后再推倒重来，他们会乐在其中。需要堆砌和拼插的积木会促进手眼协调功能和创造力的发展。宝宝也喜欢因果联系，他们会想："我做了这件事，玩具就会变成这样。"所以他们喜欢摇铃等能发出声音的玩具。最好的玩具就是促进孩子动手然后呈现出相应结果的玩具。

2. 玩玩收纳游戏。 我家厨房橱柜的最下层留给走路晃晃悠悠的宝宝来探索。看着你的宝宝开门关门，然后一下子拉出柜子里面所有的塑料容器。看着他们坐在地上，把东西扔得满地都是，再努力把东西装回去，这个时候，爸爸妈妈或其他看护人要在旁边鼓劲："把这个放进去，这个拿出来。"放一些由大到小的圆筒状物品，比如一套量杯，帮助宝宝发展小东西能装进大东西里的概念。小孩子特别喜欢玩盖子。他们喜欢把容器里的东西倒出来，再放回去。

3. 跟孩子一起玩玩具。 当孩子把塑料或橡胶玩具从抽屉里拿出来，扔了一地，跟他一起把玩具放回抽屉里。记住，你是宝宝最好的"玩具"，这种一起玩耍的记忆孩子会铭记终生。

4. 玩拼装游戏。 宝宝喜欢图形拼板和拼插积木。一两岁的时候，宝宝可以把圆形的积木放进对应的圆洞里。宝宝可能要试上很多次，才最终发现积木和对应的洞之间的联系。通过把圆形的积木插到圆形的洞里去，他的运动协调能力、注意力和耐力都得到了完善。记住要从圆形开始，因为插圆形的积木，对宝宝来说更容易。

5. 一边展示一边解释。 在收纳游戏和拼装游戏中，当你向宝宝展示正确的搭配，大部分15个月的宝宝都能领悟对应的形状。你可以一边给出鼓励的建议，一边让他们享受这个游戏，比如指出正确的形状的时候说："把那块积木放在那儿，对了！"指示方向的同时要有适当的指示手势，这种特殊的"标记"语言会增加宝宝玩耍的兴趣，并鼓励他们重复这个游戏。

6. 玩家里的物品。 家中本来就有的各种"玩具"会让宝宝感到惊喜：卫生纸筒、剃须膏的盖子、滚轮、塑料盘子和杯子。给孩子一个盖子，看看他会怎么玩：扔盖子、两手轮换玩、把盖子掉在地上、用拇指和食指捡起来、在地上滚盖子。在浴室里用盖子盛水、把盖子按入水中，再看它浮起来。

如果想用盖子跟宝宝玩智力游戏，可以先把盖子藏在手里，再拿出来。宝宝会观察地上，或者其他之前盖子所在的地方，然后给他看你手里的盖子，把双手藏在身后，把盖子从一只手转移到另一只手。当你伸出双拳，宝宝会指向他之前看到盖子的那只手，这说明一岁的宝宝已经有了相当准确的短时记忆。

7. 玩球。 宝宝开始走路的时候，很喜欢扔球捡球的游戏。他们也喜欢你一步到位的要求："给爸爸拿个球！"到了一岁左右，他们开始喜欢两步行动命令："去拿球，扔给爸爸。"

皮球购买小技巧。宝宝喜欢小而轻的塑料球。乒乓球就很不错，它在地上弹跳的时候会发出有趣的声音。乒乓球在地上跑得很快，大小也适合宝宝拿在手里。宝宝也喜欢大一点的海绵球，或者柔软、轻巧的橡胶球，他们可以用两手抓住，扔或滚给你。如果是大点的球，越软越好。

8. 玩躲猫猫。如果你手边没有玩具，你的脸和有趣的肢体语言都是宝宝喜欢的玩具。前面我们说过，宝宝喜欢躲猫猫的游戏。把脸藏在布或纸板后面，藏起来的时候要跟孩子保持语言交流："妈妈在哪儿呢？"当你把脸重新露出来的时候，就会看到宝宝脸上快乐的笑容。换过来躲猫猫也很有意思，把布蒙在宝宝脸上，说："宝宝在哪儿呢？"当宝宝把布扯开，你可以高兴地说："宝宝在这儿呢！"躲猫猫游戏有助于宝宝的记忆力发育。

9. 玩推拉玩具。幼儿有推拉的能力。我们的孩子会花几个小时推他的玩具割草机，模仿爸爸在花园里的工作。玩具小车这样的推拉玩具对宝宝来说很好玩。

10. 小小艺术家。家里有个小画家，墙上总会留下蜡笔颜料。在宝宝的第一节艺术课上，给他安全的蜡笔和大张白纸，让他自己涂鸦。

聪明地使用高科技玩具

婴儿发育专家非常担心所谓的"智力玩具"，比如电子玩具、电子游戏或者手机应用程序等，它们会扼杀孩子的创造力，缩小他们的注意力范围，让孩子变笨。儿童喜欢新奇的东西，而高科技玩具的新奇性在电池耗尽以前就消失殆尽了。

虽然我越来越喜欢学龄前和学龄儿童的高科技玩具，但给婴幼儿高科技玩具，而不是简简单单的皮球和积木，对此我仍然心存疑虑。我同意一些幼儿发展专家的说法，电子玩具对大一点孩子的大脑发育有帮助，但对小一点的孩子来说，却适得其反。在高科技玩具上按一下按键、动一下手柄，永远也不能取代沙子、黏土和积木。

想象一个孩子呆呆地坐着，被动地看上几小时的电视。玩电子玩具的时候，孩子要做的就是决定按哪个按钮，这会降低他们的创造力。然而，一些新研制出来的高科技玩具的确可以帮助大脑发育。

在选择高科技玩具的时候，考虑以下几点：

- 确保玩具需要孩子做出一系列决定，屏幕上才会有反应，比如按下更多按钮、拉动更多手柄。
- "高接触"比高科技更重要。
- 最好需要跟另一个人一起玩，让高科技伴随着与人接触。
- 最好的高科技玩具可以让孩子的想象力自由发挥，比如让他们画一幅画、指挥一个机器人。
- 结合了高科技手段的传统玩具包括：乐高机器人、教孩子跳舞的娃娃、用遥控器指挥的机器人和小车，还有按不同部位会发出不同声音的填充玩具。
- 将高科技玩具和积木、蜡笔、黏土、小厨具、卫生纸筒等基础玩具搭配着玩。
- 如果孩子变得不合群、不愿意跟其他小朋友玩，游戏的时候变得不投入、缺乏想象力，要当心孩子玩高科技玩具的这些警示信号，这时候应该让孩子换基础玩具玩。

什么时候应该减少高科技玩具，你要注意孩子的表现。如果孩子本来创造力满满，却越来越依赖电子游戏，不关注周围的真实世界，这个时候就应该拔掉电插头，拿出皮球和积木，再叫一些小朋友过来一起玩。

跟父母做出别的决定一样，高科技玩具和基础玩具也需要有个平衡。在适当的年龄、适当的阶段，把二者结合起来没问题。

西尔斯医生和玛莎建议：很多时候孩子从玩具包装上学到的东西，比从玩具中学到的还多。为什么这么说？因为孩子要决定应该拿包装盒怎么办。他们可以把盒子扣在头上、爬到盒子里、踢盒子、扔盒子。当然，大部分玩具还是要按照设计者的意图来玩。当孩子们还在牙牙学语的时候，我们注意到他们玩包装盒的时间比玩玩具本身的时间还要长。

其他玩具购买建议

选择安全的玩具。留意那些有尖角、尖刺，可能松动脱落导致窒息的玩具。不要买带有超过20厘米绳索的玩具。不安全的气球、珠子和可能会造成窒息的玩具要放在孩子拿不到的地方，他们什么都往嘴里放。买玩具的时候，要扭一扭，看是否容易折断，这种问题常常发生在小飞机的翅膀上。最后，仔细阅读说明书，很多玩具包装里都有安全提示。

玩具应该教会孩子集中注意力，并延长注意力的持续时间。现在越来越多的孩子患上注意缺陷障碍，而高科技玩具会缩短孩子注意力集中的时间，他们真的需要这样的玩具吗？在搭积木的时候，孩子必须有耐心，持续集中注意力，才能搭出高塔。而运行快速的高科技玩具则带来短暂的满足感。孩子们按下按钮，就会看到闪光。制造闪光和噪音的玩具非常刺激，孩子们很容易被吸引——相比之下，他们会觉得跟另一个人玩无聊得多。机器人可以服从他们的命令，什么事都可以做，他们不需要跟机器人交流，更不用担心机器人的想法。而一个人类玩伴则大不相同。孩子们需要跟其他孩子一起玩耍，才能学会付出、团队协作，以及同情心（参见第163页"同情教育——培养有同情心的孩子"）。

我遇到过一位焦虑的母亲，她担心自己买不起昂贵的玩具，觉得自己的孩子如果不能在一个高科技玩具环绕的"富裕环境"中长大，就会失去优势。家长们，不要为了挣钱给孩子买玩具而加班加点。没有什么玩具比爸爸妈妈的陪伴更好。利用家里的东西来游戏，比如卫生纸筒、可以用来搭建的盆碗。我们已经长大的孩子吉姆和鲍勃，还记得自己的第一件玩具。那个时候我还在学医，没有钱给孩子买玩具，他们的第一件玩具是我在附近的木材场捡的边角料。他们会花上好几个小时来玩这些"免费的"玩具。

作为一位单亲妈妈，我没有办法给孩子昂贵的玩具，但是我可以给他更多的陪伴。

聪明的阅读

美国教育部进行的一项研究发现，父母给孩子读的书越多，孩子在学校的表现就越好。为孩子阅读永远不会太早——也不会太晚。即使是小宝宝也喜欢听摇篮曲或抑扬顿挫的诗歌。他们喜欢看有图案的书。大一点的孩子，尤其是那些自己读得不错的小孩，喜欢跟爸爸妈妈一起阅读书籍。

"大声给孩子读书，对孩子获得知识和未来的成功至关重要。"美国教育部阅读委员会认为。

帮助大脑发育的爸爸。习惯的活动有助于增强亲子关系。每周几次，选一个固定的时间作为爸爸的亲子阅读时间。爸爸的怀抱，还有男性的语调，都会对孩子将来的阅读习惯有长远的影响，也培养孩子对阅读的热爱。研究表明，如果父亲参与到孩子的学习中，孩子未来在学业和社交方面的成就会更大。

给孩子阅读的时候，你会很惊讶地发现孩子们聆听时有多专心。有时候，我读书时会试图跳过一个段落，但总是被孩子发现，这说明即使是快睡着的孩子也在注意听。

在阅读过程中，每一页结束的时候我都说一声"翻书"，让孩子参与其中，他很喜欢翻书。

孩子也喜欢跟他们自己有关的书。你可以用画画、剪贴簿或者电脑来做一本书。如果有重要的家庭活动或者要纪念某人，手作图书是一个好主意。

我花很多时间来给孩子读书，而且常常并不严格按照书上的字句来读。我读一些书上的句子，再加上一些我自己的句子，甚至聊聊书里的图画，然后问孩子们接下来会发生什么。当然，有时候孩子还没有睡着，我倒先睡着了。

我喜欢我们的睡前习惯：舒舒服服地坐在躺椅上，或者躺在床上来读书。孩子小的时候，读书时间也很短。孩子越来越大，书越来越厚，他们的注意力集中时间也越来越长。

阅读 vs 观看？

　　阅读纸书或在平板电脑上读书，比起看电脑或电视，哪一个让孩子学到更多？答案是：两种方式都让孩子学到很多。关键之处在于平衡。一些教育专家认为跟激动人心、瞬息万变的电视或电脑信息比起来，在高科技环境下成长的孩子会觉得阅读相对枯燥无聊，看电视或电脑太多也会缩短孩子注意力集中的时间，因为孩子们按一下鼠标或按钮就可以马上得到满足。

　　另一方面，科技爱好者认为电脑屏幕上不断变化的图像和声音，会延长孩子的注意力集中时间；还有，电子产品更具互动性，比起单纯的文字阅读更有好处。教育专家普遍认为，婴幼儿过早接触太多的高科技手段，尤其在没有大人监督的情况下，会干扰孩子大脑回路中自然的语言学习进程。儿童早期语言能力的发展有一定的时间段，这让神经科学家们担心，如果孩子在成长中跟电脑的联系多于跟人的联系，交流能力也许就得不到适当的发展。高科技教育常常被称为"人工智能"，一些教育专家担心过分使用高科技手段会干扰人类智慧的自然发展。很多教育专

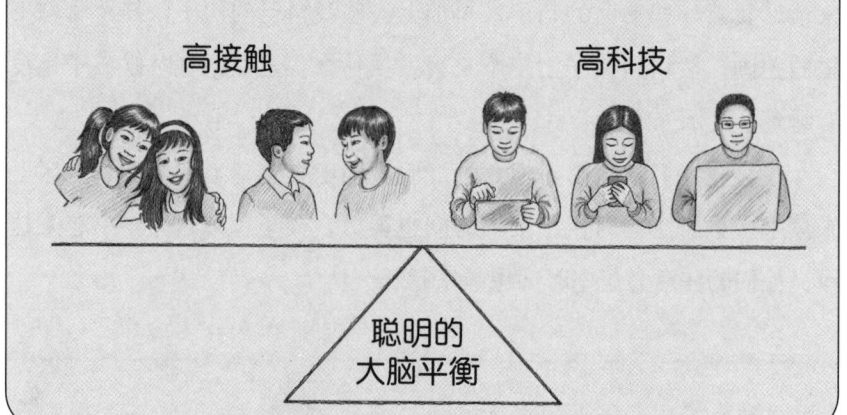

家都担心太多、太早接触高科技手段会导致孩子变成优秀的资料搜集者，而不是有创造性的思想者。

专家的建议。斯坦福大学的教育专家做了一个报告，主题是关于电视和电子游戏对小学三四年级学生学习的影响。他们发现，当家长减少孩子在电视和电脑前的时间，孩子就会在操场上跟同伴玩得更高兴。多年前，美国儿科学会出版了一份引起争议的声明，建议"两岁以下儿童不应该看电视"，尤其是如果没有大人监督的情况下。大人应该告诉孩子电视上在讲什么，并屏蔽掉不健康的内容。现在美国儿科学会的态度已经缓和，建议改成了让孩子"有限制地观看电视"。

神经科学家告诉我，他们担心电脑屏幕上的人造光源和色彩没有自然色彩具有的功效，对孩子发育中的大脑不利。这也是平衡的问题。只要孩子"在户外玩"的时间超过"坐在屋里看电视"的时间，就有助于孩子变得更聪明。

儿科医生和教育专家都同意的一点是，家长不应该允许在孩子的卧室里放电视。一旦电视不在你的视线范围之内，也就不在你的控制范围之内了。家长应该把电视作为教育孩子的互动工具，而不是孩子的保姆。要开展积极的娱乐活动，这样才对孩子的大脑发育有好处，不要只是让孩子被动地盯着屏幕，和别人没有交流，也没有人留意孩子在看些什么。

注意孩子看多长时间电视或电脑、什么时候开始看，这有好处。看看一个3岁的孩子玩积木和拼图游戏，留意他有多少创意，留意这个简单的游戏在多长的时间内吸引孩子的注意力。然后看看电脑游戏如何吸引孩子的注意力。如果孩子在电脑游

> 戏上很投入，在做出决定时学会了创造，那么也许这个孩子可以接受两种方式的游戏。如果不是这样，那就放下高科技玩具，转向需要动手的创造性玩具。

家庭是孩子的第一所学校。家长是孩子的第一位老师。阅读是孩子的第一门课。

——美国前总统夫人　芭芭拉·布什

聪明的音乐

在过去20年间，有研究建议给婴儿和儿童听音乐，会起到安抚作用，也能让孩子更聪明。神经科学家之所以认为音乐对大脑发育有帮助，是因为观察到古典音乐对医院中早产儿的作用。对学龄儿童的研究也发现，在播放古典音乐的学校，学生注意力更集中，他们的表现也更好。于是，神经科学家得出结论，音乐有助于管理大脑，尤其是大脑中跟创造性思维有关的领域。我们还不完全了解音乐如何舒缓情绪，不过很有可能音乐的镇定效果来自大脑释放的缓和自身情绪的成分。

为孩子播放音乐，多早都不为过。实际上，宝宝在妈妈的子宫里就开始倾听大人的音乐了。也许你听说过莫扎特效应，指的是古典音乐能塑造更聪明的大脑。虽然科学对此尚无定论，但这的确有道理。几百年来，父母和科学家都注意到音乐对大脑的作用。音乐被称为"天使的话语"和"大脑的声音"。

早点开始上钢琴课或小提琴课怎么样？当然对大脑很有好处！加州大学尔湾分校的研究证实，3～5岁的孩子上钢琴课会促进大脑发育，并在数学方面取得进步。发现孩子的特长所在要注意的是，不要把所有精力都放在音乐上，而忽视了孩子其他方面的能力，要顺从自然的引导。音乐只是孩子的技能之一，孩子也需要体育运动、有想象力的活动（比如搭积木和照管花园），还有社交活动。

孩子是天生的音乐家。研究亲子互动的神经科学家相信孩子天生就具有音乐能力，包括对节奏的基本感觉。在会说话以前，宝宝就已经对音乐有感觉了。在出生之前的数天甚至数周，宝宝似乎就已经对音乐的节奏和妈妈的声音有意识。古典音乐能开启宝宝大脑中特别的听力区域。苏格兰爱丁堡大学的精神－生物学家特里沃·思伦博士认为，在妊娠期的最后3个月，妈妈说话时充满韵律的方式会让宝宝平静下来。

成人在跟孩子说话的时候，会下意识地采用一种富有韵律感的语调。我们会注意抑扬顿挫、延长元音、加重某些字词，听起来很像音乐对不对？

对于这种妈妈和孩子之间富有韵律的说话方式，音乐学家甚至有一个专门的说法：沟通乐感（communicative musicality），也就是说宝宝的大脑中天生就有音乐中心，使得他们能跟妈妈的语调和谐一致。

我很喜欢看新手爸妈跟孩子交流。他们就像起步阶段的音乐家和演奏家，而宝宝会做出回应。研究人员研究父母如何帮助孩子适应文化习俗时发现，父母在孩子年幼时给他们唱的歌曲，是孩子了解音乐和文化之美的入门工具。

妈妈的引导也能教给孩子节奏感，我很喜欢"引导"这个词，简单地说就是妈妈给出一种暗示，就像在孩子的大脑花园里种下一颗种子，然后会继续浇水直到这颗种子生根发芽。从研究中给妈妈和孩子录的视频上看，妈妈和孩子的面部表情和肌肉运动都会伴随着音乐而起伏。

我最喜欢的一首儿歌，也是我们常常唱给8个孩子听的，是《小小蜘蛛》（*Itsy Bisty Spider*）。

跟我一起来享受这首儿歌吧：

小小蜘蛛爬呀爬水管
下大雨了冲走小蜘蛛
太阳出来雨滴都不见
小小蜘蛛爬呀爬水管

唱第一句的时候，我用手比画出蜘蛛的样子，这只"蜘蛛"爬上宝宝的腿、肚子，一直到他们的脸上，然后我会挠挠他们的脸颊。第二句的时候，我的手顺着宝宝身体往下走。唱到"太阳出来"的时候，我会把手指张开放在宝宝的脸前，再配上一个夸张的笑容，结束的时候会再轻轻挠宝宝一下。

大脑听到音乐的时候。音乐会唤醒大脑的很多区域，这一点大家都不陌生。在听到音乐的时候，你会注意到他们的眼睛亮起来，笑容变大。伴随着音乐的节奏，他们的小脚动起来，胳膊挥起来。音乐会让宝宝的大脑和身体都动起来。

莫扎特效应。神经科学家对莫扎特效应夸大了音乐对大脑的影响不以为然，这种看法在20年前大行其道，然后影响力慢慢减弱。但是，我依然认为，很多科学家也同意，音乐对大脑发育有长远的影响。古典音乐对新生儿或学龄儿童的智力发展有何长期影响，还有所争议，但大部分家长和神经科学家都相信，音乐对发育中的大脑有好处。

音乐学研究。 神经成像是一项新的技术，为我们打开了进入大脑的窗户，并能检验大脑内部对外部事情的反应。这项技术证明，音乐的确对大脑发育有好处，对任何年龄的孩子都是。下面告诉你为什么。演奏乐器促使大脑多个区域的回路交流和互动。拿起提琴、长号、笛子或触动钢琴琴键，都会瞬间激活大脑的多个区域，促使这些部分的发育。演奏乐器让大脑集中注意力记住音符，并在短短几秒之内，调动耳朵、嘴巴、手和脚协同运作。

神经成像（大脑内部的照片）显示，钢琴课后，孩子大脑中跟学习有关的部分发生了变化。变化最大的部分是跟听力和运动控制有关的部分。小时候上过音乐课的孩子在运用手指方面更灵活。还有，《认知神经科学杂志》的一篇报道显示，音乐能改善有语言和学习问题的孩子的学习能力。美国西北大学的一项研究则表明，孩子的阅读问题也能通过音乐训练得到解决。

因此，我把大脑活动称为最伟大的交响乐。如果要简单说明为什

开发孩子的潜能

一般来说，到了孩子 3 岁的时候，父母就会发现他们至少拥有一项专长，比如音乐、美术或运动。每个孩子都会发光。一旦你发现了孩子的潜能，就要帮助他们发展。如果孩子在某个方面引人注目，这会让他们建立自信，取得更多成就。我们称之为连带效应。

么音乐对大脑有那么大的好处，神经科学家会说："音乐是一项能启动大脑大部分区域的顶级活动。"（参见第247页"小小音乐家有大大的大脑"。）

聪明的睡眠

孩子的大脑在睡眠中发育得最快。下面是一些建议，帮助孩子的大脑在睡眠中聪明地发育。

孩子睡得越好，大脑发育越好。虽然身体睡着了，但大脑并不会完全停止运转。人睡着的时候，一些加速身体运转的激素比如皮质醇会减缓分泌，同时帮助大脑发育的激素会进行修复工作。当人们进入深度睡眠时，对身体和大脑发育有帮助的激素会增加，大脑为了学习而重新充电。打个比方，一群科学家整个白天都在努力思考问题的解决方法，比如怎么把人送到月亮上去。然后主要负责的科学家说："现在让大脑休息一下，我们才能更好地解决问题。"这个时候睡眠就该起作用了。睡眠让大脑有能力解决问题，找到答案。

对于那些有学习障碍的孩子来说，好好睡一觉尤其重要。神经科学家注意到，如果孩子睡得不好，在学校的表现也不好。这就是为什么对于那些表现和学习有问题的孩子来说，最好的治疗就是"好好睡一觉"。

从某种程度上说，大脑就像花园里的植物。比如，西红柿在白天的时候吸收阳光的力量，到了晚上用光合作用机制来处理阳光。同样，孩子的大脑白天时处理进入大脑的信息，到了晚上则将这些信息归档，以备未来之需。正因为如此，很多商界人士在面对一项重大决定的时候，都会来这样一句："睡一觉就知道了。"这些聪明人知道当他们在清晨醒来，通常都会高兴地发现睡觉前的问题已经有了解决方案。

正如大家所料，睡眠研究者发现儿童的深度睡眠比成人更多，那正是大脑发育需要的（随着年龄增长，人们的深睡眠越来越少，浅睡眠越来越多）。如果孩子的两种睡眠都不足，他们的想象力和判断力都会下降，在学校的表现也不理想。而且，深度睡眠是大脑最强大的时候，治愈性的抗氧化物质——褪黑素也在增加。在深度睡眠中，大脑会产生更多的天然神经药物：成长激素、甲状腺激素等。

聪明的睡眠

- 脑细胞之间产生更多的联系
- 促进激素分泌
- 增强记忆力、想象力和学习能力
- 有助于控制体重

让孩子睡得更好的 9 个技巧

1. 聪明睡眠从婴儿开始

从出生到整个幼儿期，都要给宝宝和自己建立良好的睡眠习惯。你的主要目的应该是让宝宝养成健康的睡眠态度，也就是说宝宝应该喜欢睡觉，而且不怕睡觉。

在大脑快速发育的头 6 个月中，帮助宝宝睡眠的一个聪明办法是使用合睡床。使用这种婴儿床，宝宝与父母离得更近，更容易哺乳和安抚。宝宝离父母越近，就越不会在夜间分离中感到害怕，大脑的发育就越好。美国儿科学会建议，至少在孩子一岁以前要跟父母睡在同一间屋里。

下面是玛莎在育儿日记中的记录：

"在我改变对宝宝夜间醒来的态度之后，情况就变得容易多了。彼得在半夜醒来要吃奶的时候，我们贴得很近，只有我们两个，没有白天外界的干扰。我知道，这段特别的亲密时光很快就会过去。"

2. 让孩子养成固定的睡觉习惯

你不能强迫孩子睡觉，不过可以营造有利于睡眠的环境，让孩子自然入睡。如果宝宝有固定的睡觉时间，按时睡觉，他们在夜间的活动也更容易预料。试验不同的睡觉程序，找到对你和宝宝最好的一种。我们更喜欢用不那么严格的说法——"习惯"，而不是"计划"。宝宝是习惯的动物，日常的睡觉习惯会让宝宝更容易入睡。睡眠习惯为睡觉搭好舞台。从心理上讲，睡前时间是一组固定的活动。这种惯例让人可以预期后面发生的事情。当宝宝睡前形成习惯，比如摇一摇、消磨点时间、

> ## 睡眠训练注意事项
>
> 　　一些关于睡眠训练的书籍已经损害了现今的育儿实践。大概从10年前开始,那些书在美国很受欢迎,但渐渐地失去了吸引力,因为那对宝宝的大脑并不好。睡眠训练师鼓励家长"让孩子自己哭"。这种做法除了会产生有损大脑发育的高度紧张的激素,让妈妈违背自己抱起并安抚孩子的本能,也会钝化她们对宝宝暗示的反应。父母对孩子敏感有利于宝宝的大脑发育。而迟钝的反应则没有那种效果。这个世界上,只有一个人的大脑知道如何回应宝宝的哭声,这个人跟宝宝血脉相连——那就是妈妈。听从你的本能是有原因的。
>
> 　　在写这本书的时候,我收到一位飞行员写的邮件,对于为什么"让孩子哭"这种观点会造就心怀恐惧的孩子,他让我有了更深层的看法:
>
> > 如果人们对飞行心存畏惧,我觉得他们的恐惧跟婴儿时期哭喊的时候缺乏父母回应有关。当孩子醒来感到害怕,却得不到安抚,接着就会感到危险。飞机颠簸时,这些乘客感到刺激,应激激素会自动释放。无论他们理智上多清楚气流并不可怕,还是会感到害怕。

屋里走一走、放松洗个澡、读睡前故事、按摩一下后背或者其他习惯活动,都会让宝宝知道接下来该睡觉了。睡眠习惯帮助孩子将这一系列活动跟感觉放松、犯困联系起来,这种联系会牢牢植入宝宝的大脑。

> **孩子需要多少优质睡眠**
>
> - 从出生到 6 个月：在 24 小时内睡 15～16 小时
> - 6～18 个月：13～14 小时
> - 幼儿：11～13 小时
> - 学龄儿童（5～10 岁）：11 小时

3. 摇晃帮助宝宝睡觉

宝宝入睡前喜欢摇一摇，这一点都不令人奇怪，因为宝宝在子宫里就习惯摇晃了。还记得你怀孕时走动的时候，宝宝会在子宫中安静地"睡觉"，而当你想睡觉的时候，宝宝却好像"醒了"。摇晃不只让宝宝放松，也在放松疲惫的爸爸妈妈。每分钟前后摇晃大约 60 次，这也是宝宝在子宫中一般会感觉到的心跳频率。

当你带着宝宝走走，给他唱歌，摸摸他的小肚子。所有这些有舒缓作用的动作、声音以及充满爱意的抚摸，都会帮助宝宝入睡。等宝宝进入深度睡眠，把他们从背带或你的怀抱中放到床上。记住在他完全睡着以前，不要放下，要不然就会招致抗议。通过看宝宝四肢发出

> **西尔斯医生的睡眠窍门：享受入睡时光**
>
> 马修小时候，如果他开始犯困，我会把他放到背带里，一边在屋里走来走去，一边听着舒缓的音乐。这种走来走去和摇晃的举动最终会帮他睡着。

的信号，你会知道他们是否已经进入深度睡眠，可以被放到床上了：完全睡着时宝宝的胳膊和腿会完全放松，就像布娃娃一样，一般来说捏着的小拳头也打开了。这时候你就知道他已经进入深度睡眠，可以试试把他放下了。

胃食管反流——被忽视的睡眠不良原因

我们一度认为胃食管反流（也被称为胃灼热）是成人才有的问题。在20世纪90年代早期，我在儿科诊所中开始研究家长们所说的有"夜醒疼痛"或者"夜间肠绞痛"的婴幼儿。当我深入研究了疼痛的原因，发现很多情况都是胃食管反流的问题。孩子平躺时，未消化的食物和胃酸进入敏感的食道内壁，弄醒了孩子。以下3个办法可以缓解胃食管反流的问题，帮助孩子睡得更好：

- 晚饭早点吃，吃清淡点，要在上床睡觉的3小时以前。
- 垫高枕头，让宝宝睡觉的时候上半身和床面有30度的夹角。
- 弄清楚晚饭吃哪些食物会造成胃食管反流，让孩子少吃这些食物，可以睡得更好。

4．睡前唱摇篮曲

哼歌可以很好地帮助宝宝入睡。要低声哼唱，不要突然转换音高、节奏和音量。持续不变的旋律会让宝宝进入梦乡。

5. 逐渐调暗灯光

到了孩子的睡觉时间，要调暗房间的灯光，尤其是宝宝的房间。光线转暗会让宝宝的大脑释放促进睡眠的激素褪黑素。

6. 为犯困的孩子拔掉电源

我们在前面讨论过，孩子卧室有电视对睡眠不好。睡眠研究人员建议，在睡前一小时，尽量不要允许孩子在卧室里看电视、视频或者玩电脑游戏。这些活动都会刺激孩子的大脑，而不是让他们放松下来。最近的尼尔森研究显示，现在的家庭每天花在网络或手机上的时间大约是8小时。无怪乎孩子们没有什么时间运动、好好吃饭，或者跟家人、朋友交流。

> 孩子上床之前至少一小时，帮孩子拔掉插头。

7. 白天活动更多

白天更活跃的孩子晚上睡得更好。这很容易理解，因为疲倦的身体会告诉大脑："白天我太活跃了，晚上要好好睡一觉。"接触到自然光线，尤其是上午的阳光，能帮助身体控制睡眠循环。一夜安眠最好的"药物"就是大自然母亲开的处方，你肯定能猜到这处方是什么："白天时，多到户外玩。"

不要担忧，只要睡眠！

压力大时释放的激素叫作皮质醇，会耗尽大脑中的色氨酸。这也许就是压力让你们难以入睡的原因。

---

8. 给孩子聪明的睡前零食

聪明的睡前零食应该包括蛋白质和健康的碳水化合物，这有两个方面的原因。一些蛋白质食物被称为午睡小吃，含有很多色氨酸，这是一种让人入睡的氨基酸，还会转化为让人放松的激素血清素。蛋白质的好朋友碳水化合物会促进胰岛素释放，会将血液中跟L-色氨酸竞争的氨基酸清扫干净，让色氨酸进入大脑。而垃圾零食则含有大量的糖分，使胰岛素突然升高，肾上腺素和皮质醇也会突然增加。

最好的睡前零食。蛋白质含量中等的食物是理想的睡前零食，比如：

- 全麦麦片配牛奶
- 榛子和豆腐

- 燕麦葡萄干饼干，一杯牛奶
- 花生酱三明治，芝麻
- 一个鸡蛋

食物中的色氨酸需要一小时才能从胃到达大脑，因此，不要等到该上床睡觉了才吃东西。

有助于睡眠的晚饭。 高碳水化合物、低到中等的蛋白质含量，这样的一餐会帮助你在晚间放松，并准备好好睡一觉。试试下面这些"助眠晚餐"：

- 帕尔玛奶酪意面
- 奶酪炒蛋
- 全麦饼配鹰嘴豆泥
- 蔬菜配海鲜
- 蔬菜配肉类
- 金枪鱼沙拉三明治
- 甜椒和豆类
- 金枪鱼沙拉，上面撒芝麻（富含色氨酸），加上全麦饼干
- 豆类蔬菜沙拉

较清淡的晚餐更容易让孩子轻松入睡。高脂肪、分量大的一餐会加重消化系统的负担，肠胃中产生的气体会让你彻夜不安。有的人发现，调味过多的食物（比如有很多辣椒和大蒜）也会妨碍睡眠，尤其是有胃灼热的情况下。对大多数人来说，肚子饱饱地上床不会睡得太好。也许你可以很快入睡，但肠道的持续工作常常会让你醒来，降低睡眠质量。早点吃晚饭，牢记这条箴言："晚上9点以后不吃东西。"

咖啡因和孩子

很多学龄儿童在喝掉一瓶含有咖啡因的可乐饮料以后，会坐立不安。孩子如果已经过于活跃了，喝了含咖啡因饮料以后会更难控制自己。最好把孩子的咖啡因摄入量控制在每天50毫克以下（一瓶汽水的含量）。避免咖啡因饮料，这些饮料都宣称有提神醒脑的作用。要小心孩子对咖啡因上瘾。

咖啡因含量高的"能量饮料"在美国是笔大生意。糟糕的是，那些在美国畅销的东西正在进入中国市场。这些加工饮料除了对大脑健康没有好处，也会造成不健康的习惯：误导那些易受影响的儿童，为了提神，他们得"吃点东西"，而不是"做点事"——运用本书中教授的方法。

9. 给孩子睡前点心

孩子吃下的东西会影响睡眠。得到一晚安眠的关键是安抚大脑，而不是刺激大脑。有的食物有安抚作用，有的则让人难以入睡。我们称之为"入睡者"和"唤醒者"。入睡者是含有色氨酸的食物，色氨酸是身体用来制造血清素的氨基酸，而血清素是减缓神经活动、使大脑放松下来的神经递质。唤醒者是含有酪氨酸的食物，酪氨酸是刺激大脑，让大脑活跃的神经化学物质。

入睡食物

这些食物含有较多的促进睡眠的色氨酸：
- 乳制品：白干酪、奶酪、牛奶
- 豆制品：豆浆、豆腐、用黄豆做的食品
- 海鲜
- 肉类
- 禽类
- 全麦
- 豆类
- 大米
- 鹰嘴豆
- 兵豆
- 榛子、花生
- 蛋类
- 芝麻、葵花子

你可以利用这些生物化学知识，至于选择高蛋白质还是高碳水化合物的食物，取决于你想让大脑兴奋起来还是镇定下来。对学生来说，高蛋白、适量碳水化合物的一餐最好是早餐或者午餐。晚餐或睡前小食最好是高碳水化合物，蛋白质含量低到只要足够让大脑释放色氨酸就行。而那些含糖量高的垃圾碳水化合物，对睡眠没有什么好处。吃下这些食物，会让人缺乏促进睡眠的色氨酸，可能还会经历血糖突然升高，随后应激激素大量释放，难以入睡。最好的睡前小吃是包含碳水化合物和蛋白质的，也许还应该有钙。钙会帮助大脑运用色氨酸来制造褪黑素。这说明了为什么含有色氨酸和钙的乳制品是最好的睡前食物。

聪明的选择

在美国，人们认为"做出正确选择的人才会成功"。无论是哪个年龄的人，都在不断做出选择。你越早教会他们聪明地抉择，他们的大脑就会发展得越好。

> "你想成为哪类人，并不取决于你的能力，而是取决于你的选择。"
>
> ——《哈利·波特与魔法石》中的校长邓布利多

绝大多数孩子的成功都取决于他们所做的选择，下面是一些帮助他们做出选择的工具：

1. 三思而后行

孩子的大脑非常忙碌，自然也容易冲动。他们会不假思索地行动，那也是他们惹麻烦的原因。让孩子学会认真考虑自己要做的事情，就好像在手机上设个报警信号，控制自己的冲动。孩子的思考过程是这样的：他们看到路边有个滑板，立刻想象自己滑上了滑板，甚至开始体验各种高难度动作。他们首先考虑的是滑板有多好玩，而不是安全的问题。要抓住教育的机会，让孩子知道三思而后行。

那么，如果你注意到孩子盯着滑板，就要准备出手了。我们家这个时候对孩子常说的一句话是"按个暂停键"。这句话你也许得说上十几遍，孩子才能听得进去。记住你这样做的初衷是帮助孩子塑造聪明的大脑，帮助他们的大脑向着正确的方向发展。

再拿汽车来打比方，孩子的大脑中有两个中心在发展：一是"油门"，这会让孩子探索世界去冒险，这是他们学习的方式；另一个是执行中心，或者说自我控制中心，是大脑的"刹车"。因为大脑中的刹车比油门小——在10岁甚至15岁之前都是这样，家长应该想办法重视这个"刹车"中心。实际上，大脑成熟得最晚的神经组织是前额叶皮质，这个部分主要负责责任心、自我控制、道德、理性，以及做出对将来有重大影响的决定。很可惜，大脑的这个部分要到孩子24岁才能完全成熟。

孩子发育中的大脑，尤其在青少年以前，集中精力发展平衡系统。前额叶皮质是大脑的理性中心——提供理性判断的刹车系统。前额叶皮质对大脑边缘系统有调节作用，边缘系统是大脑的愉悦和寻求回报中心，前额叶皮质很聪明，会控制人的冒险行为，就好像妈妈在说："行动以前多想想！"当大脑迅速发展的边缘系统建议："跳上滑板，在街上滑滑，好玩又刺激！"前额叶皮质——大脑妈妈则会回应："傻瓜，先戴上头盔，就在路边玩。"

好在大脑的这两个部分最终会达到平衡，刹车和油门协调行动，让孩子远离麻烦。问题是大脑的刹车系统前额叶皮质比大脑边缘系统的发育要晚5～10年。因此，在孩子跳上滑板以前，家长们得担负起做"头盔"的责任。

美国家长会用的另一个比喻是——你得在孩子身上系上聪明的绳

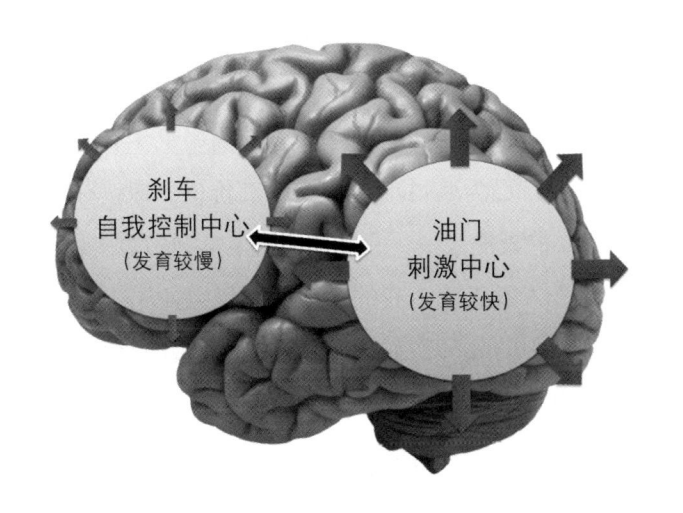

子。当孩子越来越大，你可以放松一下，让孩子自己做决定，从错误中吸取教训。不过现在孩子还太小，还不能完全放手。

2. 让孩子生活在聪明的导师中间

你要让一些出色的人，比如朋友、老师、教练，或者其他让你真心佩服、愿意影响孩子的人当孩子的导师。

我的导师。我的家虽然没有很多钱，但有很多爱。我是一位单亲妈妈的独生子，父亲在我一个月大的时候就离开了。妈妈搬回了外公外婆家，我生活的地方应该被称为贫民区。其他孩子玩耍的时候，我得打工。别的孩子在乡村俱乐部娱乐的时候，我在那儿工作。从小我就知道："如果你想要得到什么，得自己打工去挣。"我为我们的小区整理草坪、送报纸，是大家的全能小帮手。我那聪明而慈爱的妈妈知道，为了让我走上正确的道路，应该做些什么。

我常常到附近的消防站去玩，消防员都是我的朋友。妈妈和外祖父母坚持让我每天去教堂，我同意了，因为可以常常跟牧师吃早饭。我的精神榜样包括童子军领队、教练，还有打工场所的领导。我还记得那一天，妈妈说一定要让我去镇上最好的高中上学。她让我自己挣学费。那让我明白自己为此付出的劳动很有价值。谢谢你，妈妈，让我生活在有益身心的人群之中，我从他们身上学到了很多。

导师们让我步入了正轨。我的童年其实极可能走上歪路，当我回顾过往，想起生命中的导师们如何帮助我，总会发现他们做了很多事情。我们买不起电视，就去附近的消防站闲逛，那儿有我们街区的第一台电视，而且它成了那一带的标志。我甚至玩过几次消防滑竿。当然，消防员们从来没让我上过消防车，不管我有多想。我还是当地冰激凌店的夜间送货员。那时候，我以为自己的生活很"贫穷"，但现在我意识到那时的生活非常"富有"。

3. 选择带来结果

可以把教会孩子正确选择等同于注射避免错误的疫苗。但是，很多时候，经验教训才是最好的老师。孩子不小心在走路时摔倒；他把自行车扔在私家车道上，结果被偷走或是被汽车压坏了；他没有完成家庭作业，于是看不了电视，也不能参加聚会。

当孩子做出糟糕的决定，我们会玩"倒回去"或"重来"游戏。比如，告诉孩子不要在湿漉漉的人行道上疯跑，那里很滑，容易摔倒。但是孩子没把你的警告放在心上，摔疼了屁股丢了面子。这时，你要关怀地、同时充满权威地拉着孩子的手说："让我们'重来'一次！"或者："等一下，倒回去！"拉着孩子往回走，再稳稳地走过来。在这个过程中，孩子有机会比较自己的行为后果和来自年龄更大、更聪明的人的建议有什么不同。

如果孩子犯了个小错,受伤也不严重,让他自己承担后果可能更好。

5～10岁这个阶段对孩子了解选择和结果的关系非常重要。因为十几岁是大脑发育的下一个阶段,这个阶段孩子的冲动中心迅速发展,而刹车中心则不够成熟,不足以控制冲动。因此,在10岁以前你应该好好利用可贵的教育机会。

聪明的运动

> "你不能保护孩子一辈子,只能让他们做好准备。摔倒后爬起来的孩子就是胜利者,在逆境中永不放弃的人才是赢家。在人生的竞技场上,重要的是发自内心的'我能做到',而不是听从上天决定谁赢谁输。"
>
> ——洛杉矶道奇棒球队前经理人 汤米·拉索达

除了母亲坚持给我从小到大的优质教育,影响我大脑健康的另一个因素就是运动。我有25年时间给各种儿童运动队做教练,从我训练的孩子身上,了解到了更多儿童的心理。我会在运动场上向孩子传授生活中的道理。我们打棒球比赛失利,那些八九岁的小队员总是把球棒挥来挥去,但如果球投得不好就怎么也接不住。这个时候我反复说的一句话就是:"掉在地上的球不用接。"意思就是:"不要浪费精力接那些投得不好的球。要会选择,等待那些好球。"

在一次关于大脑发展的演讲中,一些管理者说起不停抱怨的人如何让人疲于应付,我给他们讲了棒球的故事。消极的人更关注的是问题——掉在地上的球，而不是解决办法，这会耗尽别人的精力。

运动会帮助孩子建立自信，尤其是如果他们的能力适合某项运动。我称之为后续效应。在运动场上胜出的孩子更有可能在课堂上胜出。运动教会孩子什么是团结协作，这对培养未来的领导能力和管理能力至关重要。

在比赛中失利教会你如何少在问题上浪费时间，多关注解决办法——看看为了下一次取胜应该做些什么。当你摔倒，重新站起，就明白了自己为什么会摔倒，并了解如何避免摔倒。如果要帮助年轻的大脑变得更聪明，可以试试下面这些技巧：

1. 为孩子找到适合的运动。在孩子还小的时候，看看什么运动适合他，鼓励他去参与，进取心会鼓励孩子。不过，有的孩子也会碰到困难，不得不坐在冷板凳上，这会伤害孩子的自尊心。对于那些碰到问题的孩子，我有一些建议。如果孩子的注意力不够集中，我会安排他们做投球手或者接球手，这样他们就必须集中注意力，不然就会被球砸到。很多注意缺陷障碍的研究者也发现，有注意力问题的孩子如果在运动中需要集中注意力，在教室里也会做到这一点。为什么？因为有这种问题的孩子或成人对于跟他们有关的人或事更容易聚精会神。

2. 为孩子找到适合的教练。家长们应该了解的一个大脑发育技巧是：让你的孩子周围有对他重要的聪明人。这些人对孩子的一生都很重要，比如老师、教练，以及其他可以成为孩子榜样的人。有些教练像部队长官一样对待运动员，这适合一些孩子，而那些比较敏感的孩子则不适合。学校培养孩子热爱学习，运动场则培养孩子热爱运动。一场比赛结束，想一想孩子从中学到了什么。当孩子取得胜利，祝贺他们的努力付出得到了回报。如果输了，则要说："下次比赛加油。"

> **聪明的工作**
>
> 我母亲做的最聪明的一件事——也是我成功的关键，就是："你想要得到什么，得自己去挣。"孩子早早开始"工作"，会在社交和生活技巧方面学到更多。当然，在 1～5 岁这个阶段，"工作"一般就是"游戏"。即使是小孩子也可以学会："小明医生，你能不能帮我给朋友贴上创可贴？"要在孩子的大脑花园中种下这种想法："这是你争取来的。努力工作会有回报。"

聪明的学校

我得说，美国最聪明的学校是注重运动的学校。

教育研究者发现，学校里的课间休息时间减少，治疗注意力障碍的药物用量就会上升。这二者是否有联系？我觉得有，科学家也这么认为。

在过去 6 年中，很多研究都表明运动多的学生学得好。最有可能的原因是：运动使更多的血液流向大脑，并向大脑花园输送更多的"养料"。

哈佛医学院的神经病学专家约翰·瑞提博士总结，运动让大脑为学习做好准备。

第六章
培养在情感和社交方面更聪明的孩子

前面几章你了解到,为了让孩子更聪明,学习优异、创造性地解决问题、跟他人融洽交流,应该在他们的大脑花园播下什么种子。这些方法能帮助孩子受到更好的教育,做出明智的决定。不过,要教给孩子的还有一点,我称之为"情感智力":学习如何管理情绪、应对压力,在人际交往中令人愉快。家长们常常告诉我他们对孩子的最高期待,除了健康和聪明,那就是:"我们希望他快乐!"

孩子长大后可能成为一家大公司的 CEO,或者大学教授,但如果他不够"快乐",不能管理自己的情绪,大脑发育就并不算完善。

同情教育——培养有同情心的孩子

聪明和成功不仅仅意味着得到好成绩,更加重要的是学会同情,也就是跟他人建立联系。很多管理者走上事业的巅峰,并不只是因为他们的聪明头脑和商业能力,还因为他们的同情心。要把聪明的同情教给孩子。

同情也被认为是一种敏感，是一种看到他人内心的能力，能够设身处地地为他人着想。同情还指能想象到自己的行为会对他人造成什么影响。

培养聪明的孩子也是培养快乐的孩子。成功不仅表现在孩子能挣多少钱、得到什么学位，他们努力能让多少人过得更好也是成功。这就是同情之光。培养大脑中的同情中心可以帮助孩子做出正确的抉择。一个富有同情心的孩子更有可能选择和培养关系良好的同伴，在申请理想工作的过程中更有可能取得成功。同情是领导者的基本能力，他们知道如何读懂他人的内心、发现他人的能力，并引导他人在工作中发挥力量。

在童年早期，家长花大量时间来培养孩子的"创造力"，帮助孩子的大脑储存健康的习惯。这就为未来打下了基础。

在出生后头几年，宝宝哭闹的时候你及时做出回应，常常把他们背在身上，这就在孩子大脑中种下了同情和敏感的种子。你让孩子知道，他们成长的世界充满关爱，这就种下了敏感的幼苗，将来会开花结果，这个时候孩子的大脑发育最快、树根扎得最牢。

同情适合大脑。镜像神经元这个概念让你知道，宝宝和关爱他的看护人之间有共同的神经激素。婴儿开始把妈妈、爸爸或熟悉的看护人的脸跟愉快的感觉联系起来。你将这种联系模式植入宝宝大脑中还空空如也的档案柜："我饿了就会有人喂我……我害怕就会得到安抚……我孤单了就会有人抱我……我无聊了就有人来逗我。我喜欢别人关心我。"你种下的就是同情的种子。

到孩子5～10岁的时候，他们已经拥有关心别人的能力，能理解别的孩子的感受，因为他得到过父母的理解，所以也能想象自己的行为将如何影响他人。

他非常"迷人"。看护人跟两个月大的宝宝就能建立联系。用你的眼睛和脸部表情引起别人的注意，是生活中最有价值的工具，在商业谈判和工作面试中经常用到。面试官在看你的简历之前，就留意到了你的"迷人"程度。你给人的第一印象是你这个人，然后才是你的材料。

和他人联系多的孩子很少会欺负人。在美国，校园霸凌在5岁到十几岁的孩子之间，越来越成为一个问题。霸凌的根源就是缺乏同情心。欺负人的孩子永远也学不会在动手之前思考，也不能想象自己的暴力和嘲笑对其他孩子造成了什么影响。他们只关心自己，不能为他人着想，缺乏同情。

罪犯的大脑。有一次我问一位6岁孩子的妈妈："是什么让你培养出这么善良体贴的孩子？"她的回答令我吃惊："我不想让他进监狱。"犯罪学家和科学家研究了罪犯的大脑，发现他们的大脑中缺乏情感中心，他们看不到别人的内心，在扣动扳机之前不会思考，缺乏同情。这就是罪犯的大脑。孩子在10岁以前跟看护人之间是否有距离感、联系是否紧密，跟他们是否会犯罪高度相关。

在写这本书的过程中，我和玛莎庆祝了结婚50周年的纪念日。在这个家庭庆典中，我意识到，正是因为我们的大脑一起成长，才让我们始终相伴相随。关心他人的孩子才有好伙伴。相爱是对彼此的感情感同身受。

在我50年为人父母和行医的生涯中，我研究过那些极为善良、体贴的人及其父母的行为。在前面你学到了如何播下同情的种子，现在你要学习的是帮助种子生长的10个方法。

同情教育的10个建议

1. "如果……你有什么感觉？"当孩子在家或者学校跟小朋友玩的时候，你可以常常问他们这个问题。假设你5岁大的孩子推了别的小朋友，或者抢了别人的玩具，你要扮演裁判员，而不是马上大叫："把东西还给人家，回屋去！"可以把这看成一次教育的机会："如果舟舟推了你，拿了你的玩具，你有什么感觉？你可能会生气，不想再跟他玩了。"教孩子理解自己的行为会让别人产生什么感觉，有助于在童年早期播下同情的种子。

一天，我带10岁的小马修出去走走，看到一些小男孩把装了水的气球扔到下面的马路上，马路上车来车往。我和马修走过去，和这群孩子展开了一场有趣的交谈，还巧妙地插入了一节同情课："如果你是司机，开车从下面经过，突然一个水球砸在汽车玻璃上，你会怎么想？"播下同情的种子以后，我进一步浇水施肥："假设你在下面骑自行车，突然一个水球掉在脸上。你可能会从自行车上摔下来，还会受伤。"从他们的表情可以看出，他们在扔水球之前没想过会有什么后果。我的教育课是这样结束的："我教过很多运动队，有很多小队员。如果你们想更聪明、更快乐，重要的是做事情之前多想想。把自己想象成别人，想想你做的事情会让别人有什么感觉。"那些扔水球的小男孩明白了，马修也很注意地听着，学到了人生中重要的一课。

马修能注意听我的话，一个原因是从他牙牙学语开始，我就在他的大脑中播下了同情的种子，并持续浇水施肥。当他跟别的小孩子一样顽皮的时候，我就总说："如果……你有什么感觉？"

下次在公园里碰到很多孩子在玩时，你还可以做个实验。假设一个小孩摔伤了腿，痛得哭了起来。别的孩子也会觉得难过，跑向大人寻求帮助。如果一个孩子受伤，别的孩子关心，他们就已经种下了同情的种子，长大以后更容易成功。另一方面，看看那些不关心别人，甚至取笑别人的小孩。这些孩子将来很可能出现心理问题。

叫绰号是 5～10 岁孩子的一种特征行为，在某种程度上，取笑别的孩子是孩子成长过程中的必经之路。但是，这种行为也应该受到教育："如果小明也那么叫你，你有什么感觉？"

2. *"想象一下……"* 假设年迈的奶奶来家里，走路很慢，或者看上去不太舒服。8 岁的孩子可能会问："为什么奶奶走路那么逗？""奶奶有关节炎。"你解释说。"关节炎是什么？""就是你的骨头很疼。"你拿皮筋绑在孩子的手指上，手指不再灵活，还有点疼。然后给孩子一碗饭、一双筷子，看他怎么吃饭。如果孩子感受到奶奶的不容易，你才能教会他同情："关节炎就会让奶奶有这种感觉。"

3. *培养同情的意识。* 大脑中有同情中心（或者敏感中心）的孩子，才会让这个世界变得更美好。教他们在意识到周围人不公平或不善良的行为时，大声说出来，并引导那些人趋向善良。

> 我们努力培养敏感的孩子。当 6 岁的儿子开始玩棒球时，我们开始看到早期同情教育的成果。一个小男孩击打了很多次球都没成功，别的孩子开始嘲笑他。儿子跑过去跟每个孩子说，不要嘲笑自己的队友。我看着那位教练，他脸上之前更多的是尴尬的神情，现在也开始表现出同情。那以后孩子们在别人扔球的时候，会给同伴鼓劲，而不再是嘲笑。

4. *扮演医生和护士。* 在我写这本书的时候，我们的 3 个孩子已经当上医生，第四个孩子也快要当上医生了。孩子们小的时候，我会让他们扮演医生和护士:"吉米腿上破了。波比,现在你是医生。帮我给他的腿上贴个创可贴,他很疼……"有时我得给某个孩子缝合伤口,就会让他的兄弟姐妹扮演护士。孩子们现在还记得这个游戏。在他们的大脑学习成长的时候,同情中心得到了发展,这就是他们的收获。他们学到的是:"做好事让我感觉很好。"这是生活中多么有价值的一课!

在整个童年时期,我们都在播种、浇水、施肥,我们的孩子因此乐于帮助他人,他们甚至到发展中国家做志愿者,帮助那些有困难的儿童。儿子彼得10岁的时候,就跟我一起到遭受海啸破坏的印尼帮忙。

5. 享受助人之乐。给孩子最有价值的同情教育是:"做好事让你感到快乐!"即使已经种下了同情的种子,你还应该在一生中悉心培养它们。比如,在我们的孩子加入医学实践队伍的时候,我都会告诉他们:"衡量你们成就的并不是挣钱多少或者取得的学位,而是在你们帮助下变得健康快乐的人有多少。"帮助他人让孩子感到快乐,你应该让孩子大脑的这个中心得到发展。

西尔斯医生的快乐秘诀:让孩子知道,如果让别人快乐,他们自己会更快乐。下面这个想法在帮助别人时可以用上。告诉你的孩子,在看到有人不快乐的时候,想一想:我能做些什么来点亮他们的一天?

我婚后的50年间都在践行这个做法,也意识到聪明的孩子应该了解这个秘诀。

6. 能力有所不同。教育孩子关心身边在生理或心理上有残疾——更恰当的说法,是有所不同的人,孩子会从中学到很多。在学校里,孩子应该学会设身处地地为他人着想。鼓励孩子从别人的角度思考和感觉。当你跟孩子谈起那些残疾人士,要把这当作一次教育的机会。告诉孩子这些人应该得到优先照顾,他们跟别人的相同点比不同点更多。所以，不要再使用"弱智"或者"盲人"这样的说法，来贬低这些人的价值。要说"那个眼睛不好的孩子"。而且，那个孩子首先是个人，其次才是个眼睛不好的人。

美国在对待残疾人方面有了进步。事实上，"残废"这个说法现在不合适了，这就好像在说一辆报废的车。我们现在常用的词是"能力不同的人"。

也许我们家精神世界最丰富的孩子是我们的老七斯蒂芬，他天生有唐氏综合征。他有不同的基因，因此需要与众不同的照顾。他有不同的大脑，因此需要不同的教育方式。

身边有能力不同的孩子，孩子们的大脑中会形成同情，跟他们发生联系。当我们意识到斯蒂芬的大脑有所不同，需要特别的照料和教育时，依然希望他能进入普通孩子的班级，融入集体非常重要。

斯蒂芬8岁的时候，我们给他报名上附近小学的二年级，一开始老师不太愿意，担心这会妨碍她照看其他孩子，影响整个班级。我找到老师和校长，开头的几句话让他们非常惊讶："从根本上讲，我们为什么要把孩子送进学校？"他们显得很意外，可能还在想："这个医生为什么会问这么笨的问题。"我接下来的话同样让他们惊讶："我觉得是为了让孩子在生活中获得成功的方法。学会关心他人、学会与人交往，不同能力、不同文化背景的孩子都是有价值的。让我们试一试吧！"他们勉强同意了。

斯蒂芬并没有成为班级的负担，而是班级的财富。到了学期末，老师要求全班30个同学写一写斯蒂芬对班级来说是好是坏。每个孩子写的都是："斯蒂芬在我们班很好。"这个年龄的孩子一般比较自我，现在他们学会不只考虑自己，他们大脑中的敏感中心得到发展，知道如何跟斯蒂芬交流。斯蒂芬说的话不好理解，他们得更专心去听。斯蒂芬在操场上有时表现得比较奇怪，他们得学会包容。不过大家都知道的是，斯蒂芬非常善良、快乐。

渐渐地，一年过去了，孩子们开始更关注斯蒂芬其他出色的能力——善良、热情，还有大大的笑容，而不是他的"残疾"。孩子们在这一年中学到的珍贵一课，是珍惜斯蒂芬特殊的才能，而不是应对他可能带来的问题。简单地说，他们学会了重视一个人现在的样子，而不是曾经的样子。

一位老师告诉我一个听力障碍学生的故事，也启发了我关于大脑发育的思考。那个小孩很讨人喜欢，别的孩子都喜欢跟她玩，于是他们学会了手语，来更好地跟她交流。想象一下，这些小学生在学习手语跟自己的同学交流时，他们的大脑受到了怎样的滋养，他们会变得多么聪明。

7. 留意教育时机。 跟孩子在一起的很多年中——在家、学校，在其他任何地方，你都有很多教育的时机，这些机会都会自然出现，不要浪费这些宝贵的时刻。

有一次我跟女儿艾琳一起买东西，售货员很粗鲁，脾气也不好。当我们走出商店，我可以发泄一下，向艾琳抱怨那个售货员糟糕的服务。但是我没有，我想让艾琳了解售货员恶劣行为背后的情绪。我把这个时刻变成了一次教育机会："艾琳，售货员那个样子，也许是因为有什么不开心的事。也许她病了，或者她的孩子病了，所以她昨天晚上睡得不好。"当我们教会孩子同情，也就是向他们说明世界的样子，人们是有需求、病痛和问题的。我接着告诉艾琳，那些原因并不是恶劣行为的理由，不过也许这可以帮她理解为什么售货员有那样的表现。

10岁的艾琳跟我一起上了车，我们看到一个无家可归的人举着乞讨的牌子。这又是一个教育的时刻。我问她觉得应该做什么。她看了那个牌子,说:"爸爸,我们帮帮她吧。""她需要什么帮助呢?""吃的。"她回答。我把车靠边停在那个人面前,艾琳问她:"你想要我们给你买点什么吃的吗?"那个女人告诉了艾琳,我们到了商店,艾琳给她挑了一些食物,也给了那位女士一个大大的笑容,她自己也看上去非常快乐。

找一句合适的"开场白",孩子更容易记住。我跟孙女在公园散步的时候,一位朋友问能否加入。虽然我同意了,但注意到孙女有点失望。我意识到这是一个教育的机会:"阿什顿,我知道埃德先生打扰了我们在一起的时间,你有点失望。他的太太最近去世了,很孤单,需要有人陪。他跟我们走了一会儿,感觉好多了。"阿什顿明白了,而且学会了人生重要的一课——当你不只想着自己,而是为他人着想,让他人快乐,就会感觉很好。

当孩子进入青春期,也是教育的好机会。我和斯蒂芬跟孙女一起去游泳,她说到了来月经:"男孩子运气真好,他们不用经历这个。"

"阿什顿,"我说,"你们女士才运气好,你们参与了世界上最伟大的成就之一:用身体孕育一个生命,并让他出生。'每个月的那个时候'就是为了这件快乐的事情做准备的。"阿什顿迎接过两个弟弟妹妹的到来,她说:"但那很疼啊。"又是一个教育的机会!"是的,"我说,"但疼痛只会持续一小会儿,把宝宝带到这个世界的快乐却会持续终生。"

父母充当的应该是引导者的角色,你要帮助孩子从生活经历中学到他们无法自己发现的东西。你和孩子经历的事和所处的环境,会给你那样的机会。不要让这些教育机会白白流走。

8. 享受充满同情心的谈话。在孩子小的时候,要多用短句表现你对孩子及其他人的感觉有着理解和关爱:

- "狗狗死了,你一定很难过。"

- "啊！很疼吧！"
- "考得这么好，你一定很高兴！我们都很骄傲！"
- "小朋友没有请你去她的聚会，你一定觉得很伤心吧。"
- "奶奶去世了，你一定很悲伤。"

从这些例子中，孩子会学会如何赞美他人，以及如何表达同情。

9. **不要掩饰同情。**有时家长们会教孩子掩饰感情，这种做法在同情教育中并不太聪明。美国人有一句俚语："别让那事烦你。"英国人则说："咬紧牙关。"是的，内在的坚强很重要，但人也需要平衡。有一天，女儿艾琳的小兔子死了，她很难过。她跟我说这件事的时候，我正在忙着别的事，无动于衷地说："哦，我们再给你买一只。"这对安抚艾琳的情绪一点用都没有。她要的不是一个替代品，而是想让我们分担她的悲伤。我们后来谈这件事的时候，发现她很内疚，觉得兔子死了可能是因为她给的水和食物不够。其实不是，但她就是那么觉得。我没有及时关注她的感觉，也失去了一个帮助她战胜难过和内疚的教育机会。好在后来我注意到了，我们聊了很久，帮她分析自己的情绪。这是一堂生活教育课。让孩子知道可以和大人讨论难以表达的话题，这很重要，能帮助他们调整情绪，而不是简简单单地无视或掩饰感情。

10. **志愿者。**在如今这个联系紧密的世界，最聪明的学校已经把"实地考察"作为课程的一部分，让孩子有机会为弱势群体的孩子服务。有的学校甚至让学生到海外去，帮助当地人建造房屋，或提供医疗援助。我们家的孩子也有这样的"教育"，他们至少要有一次服务之旅，帮助有特殊需要的孩子。当孩子运用自己的能力和技术帮助他人，个人价值和自尊都得到了发展。让你的孩子在当地的慈善机构服务，或者打扫小区。通过回馈社会，他们会得到极大的成就感和满足感。

美国人常说"收获大于付出"，当你把自己的时间和资源贡献给慈善工作的时候，就是这个道理。孩子懂得这个道理的时间越早，就会变得越聪明。5～10岁这个阶段是一个好起点。让孩子跟你一起，参加学校的募捐活动，或者附近街区的慈善活动。让他们感受付出的快乐，发现帮助他人给自己带来的美好感觉。当孩子运用自己的能力帮助他人时，感觉会更好，对自身也有更多的认识。此外，当孩子参加志愿者活动时，会得到真实的工作体验，从"自我为中心"发展到"他人为中心"，因为团队所有的人都在为了帮助他人而共同努力。你的孩子作为其中一员，也会感到骄傲。他们还会了解到，把自己的能力奉献给那些能力有限的人，正是这个世界得以发展的方式。深入人类的大脑你会发现，如果人们了解自己能控制生活，就会觉得更快乐。志愿者活动能帮助儿童体验到控制的感觉。

> 我5岁的儿子眼泪汪汪地把最后一块饼干给了没有甜点的小朋友。

当孩子学会了同情，大脑中就会有帮助他人的想法，就会成为一个"正能量的人"或者"大家眼中的好人"，他们不会只关注自己，焦虑中心会衰退，而快乐中心则活跃起来。这正是我们希望孩子拥有的感觉。

美国一流的大学更重视学生的潜力，而不仅是他们取得的成绩或学术上的表现，因为大学的目的是培养"全面发展的人才"。简单地说，学生在情感方面也要有足够多的智慧。

帮助孩子掌握控制压力的方法

在一个国家经济发展的同时，伴随着生活中压力的增加，出现心理问题的人也在增加，而家长们能为阻止这种趋势发展出一份力。现在全世界出售的情绪改善药物总价已经达到了331亿美元。

与孩子多多接触，高度敏感的育儿方式，会让你的孩子在未来生活中更善于控制压力。你越早让孩子学会控制压力的方法，他们成人以后就可能变得越快乐。

压力控制在美国已经变成头号健康问题，也正在影响着发展中国家。教会孩子控制压力，也会让他们更聪明、更健康。简单地说，就是让大脑花园中产生更好的联系，让孩子的大脑学会应对生活中的压力。

最快乐的大脑"药物"就是孩子们自己的思想。每一个想法、声音、场景、运动，以及情绪，还有从他人那里得到的反馈，都会释放神经化学物质，产生快乐或悲伤的感情，这两种感情都跟人们的大脑有联系。你能帮助孩子大脑中的乐观中心和悲观中心发展或缩小。简单地说，现在你要学习的就是教会孩子缩小悲观中心，发展快乐中心。

我有帮助儿童改善情绪的丰富经验，一些聪明孩子的情况让人喜忧参半。一方面，他们的学业非常突出，成绩好，表现优异。另一方面，一些非常聪明的孩子会过于雄心勃勃，结果由于不善于应对压力而导致学习上不尽如人意。当我开始教这些孩子控制压力，他们很快就能让情绪中心保持快乐，也会让大脑的智力中心良好运作。

"等孩子长大了就好了……"

我曾经认识一些自认为"非常现代"或"思想自由"的家长。那个时候，我从养育 8 个孩子的过程中"幸存"下来，尚处在抚养青春期孩子的"康复期"。有时候，我会寻找机会告诉其他家长自己在教育孩子上不太聪明的做法，向他们解释不要错失帮助孩子大脑发育的良机。一位妈妈的话触动了我："我不想教孩子这些东西。我想等他长大一点，自己做出抉择。"大错特错！这种想法既违反了常识，又违背了神经科学原理。你应该在孩子大脑中土壤最肥沃的时候播下种子，灌溉施肥之后，他们才能成为"自由的思想者"。

在孩子 1~5 岁的时候，你播下种子，浇水施肥。这个年龄的孩子即使不情愿，一般来说还是会按照你说的来做事。他们会理解我们的原则："我们家是这样说话的……我们这样做……我们相信……我们吃……"在 1~5 岁的时候，孩子自然而然地接受这些规定。他们会想，全世界我最喜欢的这些人最爱我，一定知道什么对我好，什么对我不好。所以，1~5 岁播下的种子长得最好。孩子需要父母的引导。

在 5~10 岁这个阶段，孩子会开始产生质疑，不过他们大多数时候还是会继续接受我们的原则。所以，这时候你要更多照顾这些种子，让它们扎得更深。等到孩子们进入青春期，变成"自由的思想者"，理所当然会开始质疑父母的引导，做"他们自己的事情"——这是十几岁孩子大脑的自然发育过程，他们会从遵守家里的原则转向遵守自己的原则。

> 为什么孩子的发展有对有错？如果他们小时候播下的种子已经生根发芽，到了青春期或者青年时期，他们可能会偏离轨道，遇上麻烦，但心中牢牢扎根的种子会让他们回到正轨，吸取教训，重新发现自己。

1. 转换想法

过去 20 年中，像 MRI 或 PET（正电子发射体层摄影）这些新兴的神经成像技术，为我们打开了探测大脑的窗户，证明一些想法可以激活大脑中的特定区域。脑神经科学家称之为"思维改变大脑"。实际上，针对压抑、焦虑或过分担忧的儿童和成人的治疗都表明，如果总是有积极快乐的想法，病人就可以将大脑中的"忧虑通路"重新打通。

是的，意志力可以改变大脑。神经科学家称之为重新贴标签，意思就是一旦不快乐的想法或情景进入孩子的大脑"档案柜"，孩子可以马上将画面切换到比较快乐的事情上。孩子越容易将大脑通路从焦虑转向快乐，他们的悲观中心就越能找到解决问题的办法，让大脑重新连线。

如果你发现孩子闷闷不乐，更好的情况是他们主动告诉你自己的担忧，问问他们正在想什么。如果他们说："那个男生在学校里对我特别不好，我总想着这件事。"教他们转换情绪或想法："有难过、害怕或者不高兴的想法或画面出现在你的大脑中时，马上想想生活中快乐的事，比如你在很多人面前演奏小提琴，或者在比赛中第一个冲过了终点线，或者是一个好玩的生日晚会。在你的大脑文件柜中放进快乐的想法和画面，在需要的时候打开。"你还可以进一步告诉孩子，如果他们总是能够屏蔽那些难过或可怕的场景，那些东西就会永远从他们的大脑文件柜中消失。他们越是多想快乐的场景，大脑的快乐中心就会越发达。

2. 把有害的想法放进垃圾箱

7～10岁的孩子喜欢用电脑打比方，尤其是他们开始使用电子邮件或短信之后。让我用电脑来解释一下为什么有毒的想法会影响孩子。在工作中，你会马上把垃圾邮件放进垃圾箱，如果脑子里有不好的想法，也要这样做，只要说一句："垃圾，走开！"你越早教会孩子这项技巧，他们就越快乐。如果孩子能把有害的想法当垃圾处理掉，人们就会认为他是个"积极的人"或者"他的态度真好"。要把态度当作孩子的习惯性思维。在孩子发育的大脑中，他们的想法都会被复制下来，保留在记忆文档中，成为大脑的一部分。简单地说，一个人的想法就是一个人本身。

压力对大脑发育有害

应激激素喜欢血糖。要保持情绪稳定，我们只需要一般水平的血糖——血糖太低的话大脑会感觉疲劳，太高则会引起炎症，损伤大脑。应激激素同样如此，尤其是皮质醇。长期高水平的应激激素会伤害发育中的大脑。如果压力或担忧持续数周，应激激素一直保持高水平，就会伤害大脑，这个过程有一个可怕的名字：糖皮质激素神经毒性。

处理有害想法的另一个办法可以用树来比喻,把你的想法想象成一棵树。你想得越多,这棵树就越高。如果你一直想,这棵树就会长出枝丫。如果你还一直想,这些树枝就会跟附近别的树连在一起,对其他树产生影响,就好像你种了一片森林,但你能决定这是一片快乐的森林,还是一片难过的森林。

树这个比方不够十全十美,因为培育一片森林需要数十年的时间,而你只需区区几个月就可以改变大脑的思维方式。神经科学家称之为"大脑再连线"。

当你的孩子变成一个快乐的人,根据镜像神经元的理论,态度是有传染性的,别的孩子也会喜欢跟你的孩子做朋友,他们会说:"他是个快乐的好朋友。"

想想这个!不是那个!

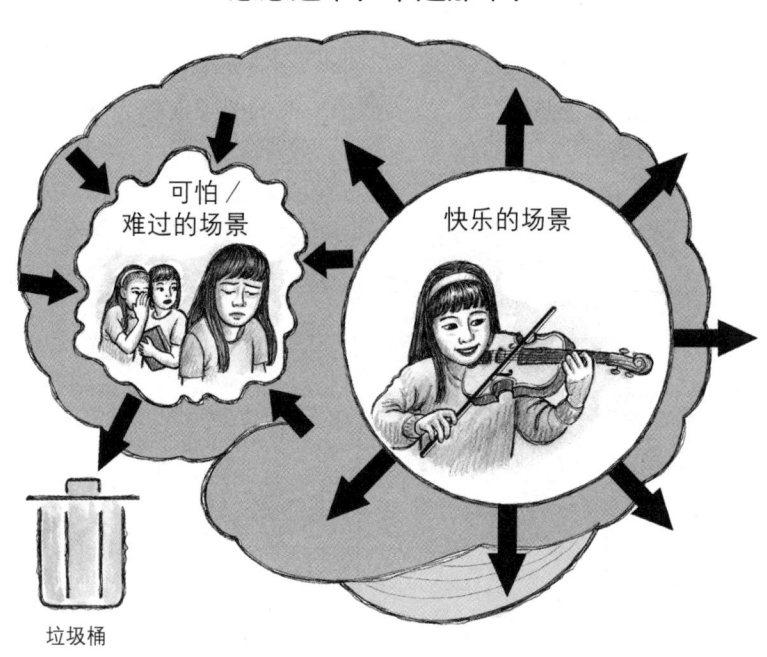

可怕/难过的场景　　快乐的场景

垃圾桶

转换场景

3. 深吸一口气

如果孩子压力过大，全世界的妈妈都知道这个方法，这种方法也的确管用。深呼吸会增加大脑中的快乐激素，减少担忧和难过的激素，从而降低焦虑。当你深深吸入一口气，肺部得到扩张，就会传递给大脑放松的信息。西方文化很少将呼吸与精神状态联系在一起，但东方文化并非如此。在很多文化中，"气"这个词也可以被诠释为精神、灵魂或者精力。

教孩子如何深呼吸，这里有一些妈妈们的好建议：

1. 从 1 数到 5，从腹部到鼻子深呼吸。首先感觉到腹部得到舒展，然后是胸腔。

2. 屏住呼吸，从 1 数到 5。

3. 从鼻子和嘴巴慢慢呼气，从 1 数到 5。呼出气体的时候，排空你的肺部，腹部向脊椎方向收缩。

4. 散散步

当孩子有悲伤或害怕的想法时，教他们如何处理，如果可能，要出去散步或跑步。运动会降低带来有害想法的应激激素的水平。

5. 多思考，少烦恼

沉思冥想是亚洲文化的闪光之处。

一位美国智者说："照我说的做，照我做的做。"意思是说不仅要让孩子懂得思考，还要做给他们看。当孩子看到你每天花 5 分钟来沉思，

我喜欢自己的5件事

记住,聪明的爸爸妈妈会教孩子掌握走向成功的工具。在世界各地的不同国家,情绪障碍的问题都有所增加,尤其是抑郁症。现在就要开始教给孩子改善情绪的方法,尤其是5～10岁的孩子,这时他们的大脑很容易接受并形成习惯。我有一个提升情绪的好方法,过去20年中也常在诊所使用,那就是——有正确的感恩之情。帮助孩子发育中的大脑更多地注意到自己已经拥有的东西,而不是自己没有或者想要拥有的。当我看到诊所里的孩子难过又担心,为自己没有的东西而愤愤不平,说着"我就是运动不好"这样的话,我会给他一张大纸,让他写下喜欢自己的5件事。让你的孩子也做这件事,然后把这张纸贴在墙上或者镜子上,让孩子每天早上起床看到的第一个东西,晚上睡觉前看到的最后一个东西都是这张纸。比如:

- 我有漂亮的头发
- 我钢琴弹得很好
- 爸爸妈妈很爱我
- 我的朋友很有趣
- 我喜欢自己眼睛的颜色

家长和儿科医生早就知道这样的训练对孩子有利,而且神经成像可以证明,孩子的感恩中心真的可以得到发展。马萨诸塞州总医院本森亨利身心医学研究所2016年做的一项研究揭示,如果人们把注意力更多地集中在怀有感恩的快乐想法上,大脑中的快乐中心,又叫感恩中心,的确会得到发展。神经科学家称之

> 为幸运效益。这类新的研究告诉我们，为什么各个国家的家长都应该反复提醒孩子："想想你有多幸运。"要养育聪明的孩子，目标之一就是帮助他们培养快乐中心，缩小难过中心。

他们也会喜欢思考。"爸爸妈妈看起来快乐又放松。"孩子也会想模仿你。学习语言或乐器应该从小开始，学会思考也是如此，即使好几年也看不到结果，但在孩子十几岁甚至长大成人的时候，小时候播下的种子就会生根发芽。

请记住这本书的主题是在孩子飞速发展的大脑花园中，帮助他们发展聪明和快乐中心。跟练习演奏一种乐器、掌握一项运动、学习一门课一样，经常思考也会发展他们大脑中的冥想中心。

"是妈妈强迫我这样做。"全世界的孩子都会这样抱怨。然而当孩子长大成人，他们会拥抱自己的妈妈，感谢她"强迫自己这样做"。在我们家的厨房里，挂着一幅好玩的标语，上面写着："妈妈永远正确！"

我小时候家庭环境不太好，妈妈让我跟那些有宗教信仰的人接触，他们就有冥想的习惯。十几岁的时候，我了解到清晨的冥想有多么重要，即使只是几分钟的时间。长大后我进入常青藤盟校，又进入医学院，觉得只有僧侣才需要冥想，普通人并不需要。这其实大错特错了。

冥想——大家都需要。在这个混乱的世界，每天冥想越来越重要，尤其是在中国这样经济飞速发展的国家。10年前，我重新开始每天清晨冥想，我的冥想中心重新得以发展。

还是会有怀疑论者坚持说："说到冥想对大脑的好处，拿出科学证据来。"多亏现代技术的发展，以及那些相信冥想是大脑良药的神经科学家们的坚持，以下就是证明。

神经成像研究证明，冥想对大脑有以下益处：

快乐激素增加。冥想刺激大脑中产生满足感和平和感，也许就是因为在冥想过程中出现了更多的"快乐激素"——多巴胺和血清素。发展中的冥想中心就像大脑合唱团的激素指挥，指挥着大脑的各个部分协调运作。由此带来美妙的音乐——也就是精神的平和。经常冥想或祈祷的人大脑中有丰富的神经化学物质，这是快乐健康的"药物"。

让孩子更有同情心。对冥想者的研究显示，他们大脑中的同情中心更加发达。大脑中的应激激素减少，镇定激素增加，这也许就是冥想者能更好地应对压力的原因。他们通常能在压力之下做出更好的决定。

PET 扫描和功能性磁共振（fMRI）这样的新科技显示，在冥想过程中，血液较少流向大脑的焦虑中心，而更多流向负责想象力、创造力和愉悦的中心。冥想会训练发育的大脑自我清理，孩子会压制让人烦恼和没有价值的想法，让大脑迎接对学习更有帮助更快乐的想法。冥想对大脑的作用就像是清理电脑中的垃圾邮件一样。

我们在前面已经讲过，在孩子大脑中配备同情中心可以帮助他们在生活中取得成功。通过神经成像可以发现，经常冥想的人同情/快乐中心亮起的时候更多。

增强注意力。对冥想一个常见的误解是，沉思就是为了放松，帮助我们"放空自己"。但其实，冥想对右脑也有好处，这个区域能促进注意力的集中和持续，对过分活跃的孩子，尤其是那些有注意缺陷多动障碍的青少年很有帮助。所以，要让孩子明白冥想并不是"浪费时间"或者"无所事事"，这很重要。恰恰相反，冥想会增强你对思维的控制。大脑在冥想时并不是完全关闭，而是有侧重地屏蔽掉不好的东西。

学会解决问题。如果你头上阴云密布，冥想会为你带来阳光。当写作走进死胡同时，我就会停下来冥想一会儿，清空大脑里的垃圾和噪音，这让我超越问题本身，关注问题的解决办法。

培养未来的心理学家

假设孩子的大脑内部有芯片，这种内部的电子监管，让大脑做出聪明的抉择："吃这个，而不是那个……这样想，而不是那样……这样做，而不是那样……努力学习，会懂得更多……"

我以前有一个比喻：每个孩子在生活中都自带"工具箱"，而聪明的父母会给他们最聪明的"工具箱"。

在美国乃至全世界，每时每刻监督健康变化的科技小工具越来越普遍，比如热量计算器，告诉你运动消耗了多少热量。甚至还出现了食物监督器，会告诉你"吃这个，而不是那个"。也许有朝一日孩子们的口袋里也会有一个电子监管器，甚至植入他们的皮肤之下，告诉家长，孩子在什么地方，随时监督孩子在做什么、吃什么。类似工具的出现可能还需要假以时日，但大脑已经有这样的功能了。我称之为内在提示，就像手机上的提示铃音一样，会告诉孩子应该做什么、想什么和吃什么。

做个聪明的孩子!

聪明的选择

聪明的食物

聪明的学习

第二部分
第二大脑

现代医学最振奋人心的一个最新发现是,人体大部分神经都集中在肠道,因此肠道被称为第二大脑。更让人激动的是你的肠道大脑通过身体中庞大的"社交网络"跟头部大脑发生联系。在这个部分,你将了解从婴儿期到儿童期,如何帮助孩子培养健康的第二大脑。

在写这个部分的时候,我有幸跟加州大学戴维斯分校的4位微生物学家共事,他们来自一家世界领先的微生物研究中心。你将要读到的,是最近10年大脑健康研究领域最让人大开眼界的成果。

第七章
认识你的微生物群肠道大脑如何联系头部大脑

孩子的微生物群怎样影响发育中的大脑

如果你和家人觉得孩子最重要的是大脑健康，假设你跟一位顶尖的预防医学医生见面，她正在进行培养聪明大脑方面的最新研究。你可能会说："医生，为了帮助孩子，我想做最聪明的事情，培养更聪明的大脑。我们是相信科学的父母，希望孩子也受益于最新的科学发现。我们已经了解了饮食和运动的重要作用，还有什么是我们应该做的？"

医生笑起来："祝贺你，不过你的微生物群怎么样？"

"您说什么？"

"微生物群是你身体中对健康大脑发育最重要的组成部分。我见到很多人微生物群都一团糟。保持微生物群的健康，大脑发育就会健康。"

医生写下处方。

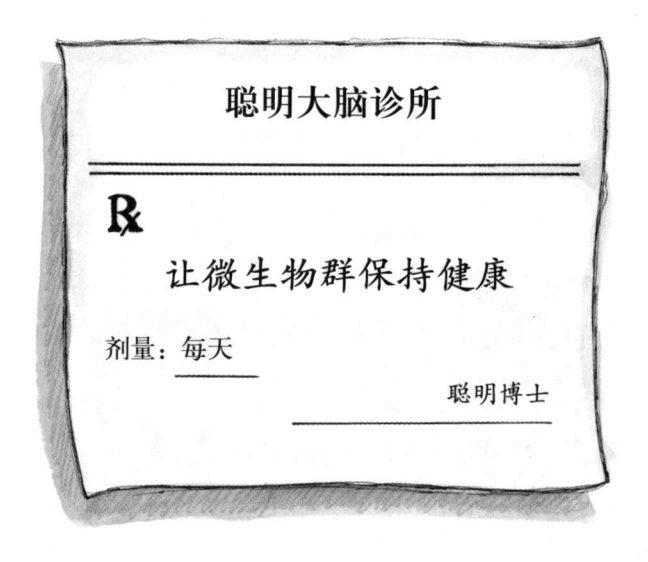

```
聪明大脑诊所
─────────────────
℞
    让微生物群保持健康

剂量：每天
    _____
                        聪明博士
                    _____
```

你想要咨询关于孩子的大脑发育问题，而医生询问的却是肠道，这也许让你感到惊讶。

你可能听说过微生物群这个说法，不过不太明白那究竟是什么，也不知道为什么医生会把它放到保证大脑健康措施的首位。微生物群也被称为微生物组，目前是大脑健康研究的首要课题，也是大多数医生建议的家庭药物——益生菌的科学依据。得益于最新发现的大脑－微生物联系，神经科学家们用一个新的说法来形容益生菌对大脑的作用——精神益生菌。

微生物是一种有机体，基本上是一种细菌，生活在我们的体内，主要在肠道。微生物群指的不只是这些小小微生物，也说明了它们对身体和大脑健康的作用。孩子的微生物群，或者说肠道微生物，主要包括生活在大肠内的细菌。这些数万亿的肠道微生物得到了免费的食物和温暖的住处，会做些好事来报答主人。大部分微生物住在肠道内壁上，有的也会出现在孩子的身体表面，尤其是温暖、潮湿的地方。从头到脚，孩子的鼻子、嘴巴、呼吸道、皮肤、肠道、（女孩的）阴道——所有它们能得到食物和温暖的地方，都住着微生物。谈到大脑健康，我们的关注点只在于肠道微生物，以及健康的肠道微生物如何促进大脑健康。

> 我住在你的肠道大脑中！

发育中的肠道大脑如何联系头部大脑

对于发育中的肠道大脑和头部大脑如何学会相处，我有一些想法。从前，人类需要努力适应不断变化的世界，因此头部和肠道协同合作，生活得又聪明又健康，直到他们开始干傻事。改变人类大脑健康历史的，是4件不太聪明的事情：

1. 分娩的新方法。
2. 孩子吃的药。
3. 肠道接收的食物。
4. 孩子更多地坐在屋里，而不是去外面玩，并且玩得脏兮兮的。

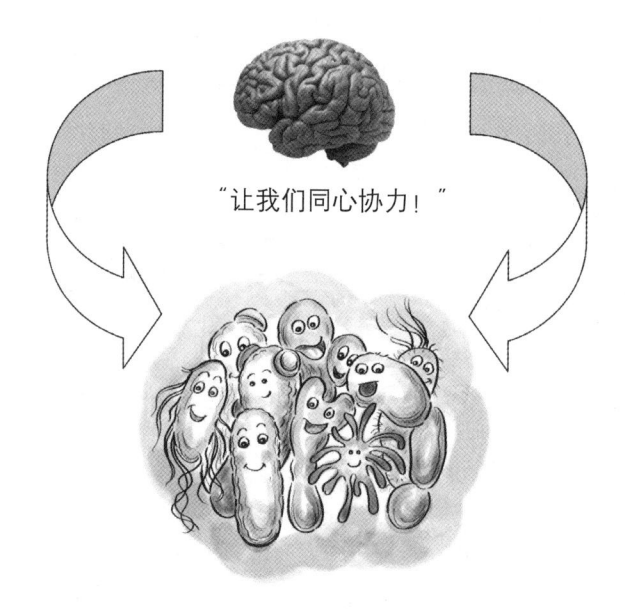

"让我们同心协力！"

大脑－微生物的联系

研究表明，微生物群对身体的影响远远超出了肠道，到达了大脑。最让人激动的发现是：我们对微生物群越好，大脑就会变得越快乐。我们称之为大脑－微生物联系。新的发现揭示，肠道花园里的细菌会帮助它们朋友的花园得到大脑发育的养料。肠道微生物群制造神经激素，送入血液以及迷走神经的神经高速通道。这些神经激素到达大脑，让它发育得更聪明。如果下面的微生物群由于吃了垃圾食品而变得脾气不好，大脑也会不高兴。你可以做5件事，来帮助孩子的肠道大脑发育。

1. 分娩带来最聪明的微生物群

马丁·布雷塞博士《消失的微生物：消灭细菌如何导致现代瘟疫》一书中提到："在怀孕期间，母亲阴道中有大量的乳酸杆菌，分娩后这些细菌则会大量存在于宝宝的肠道中。"

妈妈的微生物群。好的微生物会为宝宝建立良好的免疫系统。在怀孕期间，妈妈的产道会有很多有益健康的细菌，在分娩过程中分享给宝宝。这些有益的微生物既对妈妈的健康有好处，当宝宝经过益生菌充沛的产道时，也对宝宝有好处。

两种分娩方式的故事

顺产的宝宝有更聪明的微生物群？ 科学证明的确如此。宝宝在经过妈妈的产道时，会得到产道中数百万有益健康的细菌。这些有益的微生物被称为益生菌，接下来会进入宝宝的肠胃，为成长做贡献，比如帮助消化食物、形成健康的脂肪，以及为宝宝免疫系统的成熟提供养料。它们还像最早的警察一样，在宝宝的肠道内壁扎下根来，跟有害的细菌做斗争。这些益生菌有助于保护脆弱的新生儿，他们的肠胃内壁还不够成熟。妈妈阴道内的微生物群，为宝宝肠道花园培养健康的植物播下了种子。

妈妈的产道不仅为宝宝提供了从妈妈体内到达外部世界的通道，阴道内壁上还发生着其他奇妙的事情，这里产生的有益细菌，在宝宝经过时为他保驾护航。宝宝在自然分娩中经过产道的过程就像给他们第一次免疫接种。就好像妈妈在说："宝宝，服下这些健康的药物，让你更好地进入世界。"研究发现，自然分娩的孩子有更多好细菌，比如乳酸杆菌，而剖宫产孩子的有害细菌葡萄球菌更多，这个情况警告我们，也许应该重新考虑医院的分娩方式了。

克里斯汀·约翰逊博士认为："让孩子接触产道的细菌，对他们的免疫系统会产生很大的影响。"他是福特健康系统公共健康科学部的负责人，这是他在2013年美国过敏、哮喘和免疫科学学会上说的。

手术分娩的宝宝失去了微生物群吗？现在剖宫产的比例达到了30%～40%，这些宝宝在出生时经历的是消过毒的环境，从而得不到妈妈的魔法微生物。这些被剥夺了益生菌的孩子更容易患上炎症吗？一些研究炎症的科学家认为的确如此，益生菌专家马丁·布雷塞就这样认为。剖宫产与顺产还有如下区别：

自然分娩	手术分娩
• 得到妈妈的微生物群。 • 得到优异的肠胃微生物。 • 不太容易过敏,尤其是至少有 4 个月的时间完全母乳喂养。	• 从照顾新生儿的护士那里得到微生物群。 • 得到有害细菌的可能性更大。 • 更容易过敏。更可能需要配方奶,这会进一步伤害微生物群。

婴儿配方奶:"第三选择"

现在,如果妈妈因为健康的原因不能喂奶,我们会打开一罐配方奶。这不是什么大问题,反正宝宝好像已经适应奶粉了。

"但有研究表明,妈妈的乳汁对宝宝微生物群的作用,超过了婴儿配方奶。很多人以为配方奶'跟母乳差不多一样好'。不对!妈妈的乳汁中含有宝宝需要的上百万活跃的微生物。"

在照料新生儿方面,一项最新的改变是:如果母乳不能满足宝宝的需求,第二选择是捐赠的新鲜母乳。

所以,科学家已经把配方奶降级为"宝宝的第三选择"了。

我们家老八的微生物群故事。1992 年我们收养了刚出生的宝宝劳伦,她是我们的第 8 个孩子,那个时候关于健康微生物群的科学讨论正在兴起。我觉得就算劳伦是收养的孩子,她也应该有得到母乳喂养的权利。在头两年中,她从我诊所的 35 位"奶妈"那里得到过捐赠的母乳。

(如何获得安全的捐赠母乳,哪一种益生菌最好,以及母乳捐赠者的其他健康小提示,参见 askdrsears.com。)

需要剖宫产的妈妈，看看这些有关聪明微生物群的消息

剖宫产拯救了成千上万妈妈和宝宝的生命，也解决了他们的健康问题。在手术过程中当然需要消毒，不过新的研究表明，助产士也许不需要让宝宝那么"干净"。曾经的做法是，宝宝在手术出生以后迅速被擦干净，然后很快从手术室转移到照料他们的护士手上。这些宝宝首先得到的是谁的微生物？护士的，然后是助产士或新生儿重症监护室的护士。所以，这些宝宝最早得到的微生物来自医院的工作人员，而不是妈妈。

越来越多的研究证明，让宝宝拥有妈妈的微生物群非常重要，医生和护士开始寻找安全的办法，让剖宫产出生的宝宝在出生后宝贵的几分钟内拥有妈妈的微生物。在医疗条件允许的条件下，在宝宝出生后，医务工作者应该：

- 把宝宝贴身放在妈妈的乳房下面。
- 鼓励"脸颊贴乳房"，让宝宝的脸贴在妈妈的乳房上（顺便说一句，分娩中妈妈乳房的温度会上升1℃～2℃，这是最好的婴儿保温机制）。

医生处理妈妈伤口的时候，宝宝则在接触妈妈的微生物。这个时候不必忙着擦干净宝宝身上白色的胎脂，那也许含有健康的个人微生物。

现在微生物的混合更加迅速，也更加科学。当宝宝跟妈妈肌肤相亲，得到妈妈的微生物之后，应该用之前收集的妈妈阴道内的液体再给孩子来一次"洗礼"。这样做可以尽可能地增加宝宝健康的微生物群，无论他们是顺产还是剖宫产。

我做了50年医生，并在一所大学医院担任新生儿护理主任，见证

过 1000 多个宝宝的到来，我完全了解生育过程一般来说混乱而难以应付，这也是正常的。不过在这场混乱中，也许妈妈应该把健康的微生物分享给宝宝。

2. 为了最聪明的微生物群，给孩子最聪明的乳汁

母乳是大自然为宝宝设计的完美液体，为健康的肠道大脑提供更多的魔法微生物。母乳帮助宝宝培养更好的肠道细菌来消化妈妈的乳汁。而且这些来自母乳的细菌一在肠道内壁站稳脚跟——被称为"定植"——就开始跟有害细菌斗争。

两种乳汁的故事。数十年来，儿科研究都证明母乳喂养的宝宝，

尤其是那些早产宝宝，得到母乳后不仅会更聪明，也会更健康。母乳喂养的宝宝较少有炎症、过敏、哮喘这样的毛病，尤其是致命的新生儿坏死性肠炎。关于婴儿肠胃细菌的一些数据是：一天的母乳量（约1000毫升）能滋养宝宝的肠胃繁殖上万亿个细菌。除了配方奶带来的健康问题，现在1/3的婴儿是剖宫产而不是顺产。这些生育和哺乳方式是否会增加宝宝未来患炎症的风险？这方面的研究虽然尚在起步阶段，但已经被证明确有联系。

哺乳的时候，宝宝的身体内部发生着令人赞叹的变化。想想妈妈的乳汁中含有什么，作为宝宝的第一次免疫，母乳如何保护着新生儿。看看下面的文字，你就会明白为什么在一些文化中，母乳被认为具有医疗效果，被称为"白色血液"。下面就是妈妈制造并传递给宝宝的免疫功效。

提供免疫保护。母乳含有数百万的白细胞（小卫士），以及上万亿的益生菌。每一滴母乳都含有大约一万个能与感染做斗争的白细胞。这些加强免疫的自然生化物质在不断成长，包括：分泌型免疫球蛋白、乳铁蛋白、溶菌酶、黏蛋白、细胞因子、胰岛素生长因子、白细胞介素、干扰素、肿瘤坏死因子，还有前列腺素。2014年，哈佛医学院布里翰妇女医院做了一项研究，说明母乳带来的婴儿肠道微生物群在抗生素治疗之后婴儿会更快恢复。如果孩子需要抗生素治疗，尤其是那些最脆弱的早产儿，会从妈妈的乳汁中得到更大的好处。

不要让肠漏影响肠道大脑。宝宝的肠道内壁很容易发生渗透，因为他们尚未成熟的内壁细胞彼此靠得还不够近。把这些细胞想象成地面或台面上的瓷砖，中间还有缝隙。加工食品和环境中的化学物质会通过这道缝隙"渗透"进去。你肯定不想让新生宝宝的肠胃内壁出现渗漏，这是有害细菌进入的主要方式。

有请大自然母亲，宝宝的第一位肠胃医生。吃母乳的孩子的肠胃比吃配方奶的孩子的肠胃"瓷砖"贴得更紧密，这就是被称为"闭合"的保护性肠胃变化。妈妈的乳汁中含有天然的营养物质，叫作低聚糖，帮助宝宝不成熟的肠道细胞变得成熟，并防止渗漏。

最近，微生物学家给母乳中含有的天然微生物群起了一个名字：人乳低聚糖，或者缩写为HMO。母乳还有丰富的免疫球蛋白A（IgA），对肠胃内壁有自然的保护性密封作用，防止有害细菌或毒素的进入。此外，母乳中的天然保护性免疫生化物质还会约束可能进入肠胃的病毒，防止它们通过内壁。幸运的是，到孩子七八个月大的时候，无论是母乳喂养还是吃配方奶，大部分宝宝的肠道内壁都会完成保护性的封闭过程。

吃配方奶的宝宝得不到这些自然的益处。在人工制造的奶粉中没有"白色血液"，更没有微生物，这不太好。由于宝宝得到的是加工的奶粉，宝宝也更可能得到人工的免疫系统。当宝宝从奶瓶中吸吮配方奶，肠胃系统中不会发生什么有助于免疫系统成熟的好事。在宝宝最容易肠漏的时候，喂他们喝配方奶，让他们肠胃中充满不好的细菌，

气味会说话

宝宝会通过粪便的气味，告诉你他们的微生物群是否喜欢吃进去的东西。儿科医生早就发现母乳喂养的孩子粪便的形态和气味都好得多，每日排便次数也多得多。这要归功于母乳喂养的宝宝有更聪明的微生物群。而且，如果母乳喂养的孩子提前断奶，改吃配方奶粉，宝宝大便的味道就……家长们，你们都懂的。

这对炎症可不是什么好的解决办法。

真正的食物带来真正的细菌，培养健康的免疫系统。自然分娩、及早开始肌肤接触、采用母乳喂养的孩子，患上炎症疾病的风险会比较低。另一方面，如果宝宝一开始吃的就是人工食品，很有可能发生"肠漏"，更易患上炎症。母亲和宝宝有持续的接触，会把自己的有益微生物分享给宝宝。也许这就是动物界妈妈喜欢舔孩子的原因。大自然已经为妈妈和宝宝准备好了最健康的剧本，糟糕的是一些现代医学"专家"并不总是按剧本来演出。

微生物群和"快乐乳汁"。在我们家 8 个孩子吃奶的时候，是那么快乐、平静和安宁。我会开玩笑说："好像他刚吃了一片镇静剂！"这不是玩笑，宝宝的确得到了母乳自然的生化"镇静剂"。你是否准备好了为这个科学发现而惊叹不已？妈妈的乳汁中含有宝宝微生物群非常喜欢的一种食物，叫作 HMO。想象一下微生物群说："太好了，我们最喜欢的食物来了。为了谢谢主人，给他一些感觉快乐的生化物质吧。也许这会让他吃得更多。"（我在想是否正是这个原因促使宝宝整夜都想吃奶。）

微生物群制造的这种神奇药物，就像大脑喜欢的一种自然的情绪缓和剂——γ-氨基丁酸（GABA）一样。一些流行的镇静剂会帮助大脑制造更多的 GABA，不过同时也带来让人不快的副作用。

儿童肠胃专家和神经科学家告诉我们，母乳喂养一个最聪明的作用就是，母乳不会扰乱宝宝的微生物群。

加州大学洛杉矶分校的著名学者埃莫兰·梅耶博士总结道："对母乳喂养孩子的研究表明，婴儿吃母乳的时间越长，大脑就越大，这是认知发育更发达的一个表现。"

3. 给宝宝聪明的肠道大脑食物

聪明微生物群饮食的 5 个特征：

1. 很多微生物群易消化的食物：低聚果糖、发酵食物、好的膳食纤维、益生菌食物。

2. 很少经过加工的"假"食物、人工增味剂，以及迅速提高血糖水平的食物。

3. 更多植物类食物，更少动物类食物。

保护性的母乳微生物群（M.O.M.）

针对妈妈如何为宝宝创造更好的微生物群的研究，带来一个新的说法——保护性的母乳微生物群（Milk-Oriented Microbiota, M.O.M.）。事实上，在宝宝出生后的几小时、几天、几星期内，妈妈的乳汁是改善宝宝肠道花园至关重要的唯一营养。让人惊奇的是，在宝宝来到世界的这几个月中，肠道发生的事对他的一生都有影响，会降低他患上跟免疫系统不平衡有关的疾病的可能性，比如过敏。

想象一下，宝宝出生时经过了妈妈的产道，跟妈妈肌肤接触，第一次吮吸吞下妈妈的乳汁，就好像妈妈告诉宝宝："你的微生物群也刚刚诞生，生日快乐！"

我爱 M.O.M.!

4. 丰富的有科学依据的益生菌补充剂。

5. 平衡的 Omega-3 和 Omega-6 脂肪。

宝宝应该吃这些!

西尔斯医生的聪明进食建议：奶昔食谱含有很多植物类食物和膳食纤维——正是微生物群喜欢的。而且，食物泥比纯果汁保留了更多的膳食纤维。

食物泥比果汁更好。

分两步培养孩子聪明的肠道花园

第一步，要减少的食物——加工处理的垃圾食品，这些食品会伤害肠道花园。

第二步，勤奋耕耘——在宝宝的肠道花园播种施肥，让它变得更健康。这一步会帮助肠道重新获得平衡。

美国制造

中国现在使用很多"美国制造"的东西,但千万不要重复美国人在饮食上犯下的错误。

内分泌干扰素是工厂制造的化学物质,干扰我们身体正常的生化机制。有毒的化学物质,比如杀虫剂,溜进肠胃内壁,被称为"连接破坏者",因为它们会伤害肠胃细胞之间的紧密连接。

另一个连接破坏者是消炎药。化学杀虫剂和化肥造成肠胃内壁发炎,然后人们吃药来治疗炎症,但药物也有可能造成肠漏。最重要的是,我们吃进去的食物也有可能造成肠漏。这种不健康的循环是:更多药物,更多渗漏。现在是时候停止了!

亚洲人的微生物群是否受到干扰?

亚洲人数千年来一直吃着传统的亚洲食物,植物性食物和海鲜都很多,典型的亚洲微生物群就是在此基础上发展起来的。而现在,随着西方食物的流行,亚洲人的微生物群也正在"西化"。

你已经了解了大脑和微生物群的联系,那么聪明的亚洲膳食习惯受到干扰,是否会让亚洲人的微生物群也受到干扰,甚至影响到大脑?我们相信确有影响。

混乱的大脑是否来自混乱的微生物群?

现在又出现了一种微生物缺乏障碍(microbe deficit disorder)。儿科医生和神经科学家越来越担心服用各种药物的孩子。2014 年，报道显示美国有 1 万名 2～3 岁孩子服用治疗注意缺陷多动障碍（ADHD）的药物。著名的神经科学家戴维·珀尔马特在其作品《大脑制造者：保护大脑肠胃微生物的力量》中，警告我们在孩子大脑发育最脆弱的阶段，给他们服用了太多改变大脑的药品，而这些药品对孩子大脑的影响并没有科学上的深入了解。美国标准饮食和日益增加的 ADHD 之间有关联吗？科学证明是有的。

- 母乳喂养的孩子较少被贴上 ADHD 的标签。他们吃母乳的时间越长，得 ADHD 的可能性就越低。
- 剖宫产宝宝（他们在开始几个月的微生物群有所不同）得 ADHD 的概率是其他孩子的 3 倍。
- 有 ADHD 或其他大脑问题的孩子，通常也有胃部的问题，比如便秘或谷蛋白过敏，如果他们吃的是不含谷蛋白的食物，ADHD 也会减少。

有问题的微生物群和有问题的孩子。这些有障碍症的孩子让父母、老师，还有孩子自己都很头疼——现在学校里差不多 10% 的孩子都有这些问题。孩子有大脑问题——比如 ADD、ADHD 或孤独症谱系障碍（ASD），通常也有肠胃问题，尤其是食物过敏和肠胃炎症，这意味着肠道大脑和头部大脑之间存在联系。头疼的孩子通常肠胃也不舒服。让孩子不吃有化学添加剂的食品，改吃真正的食物来清洁他们的饮食，这样是否会改进学龄儿童的学习表现？科学家给出了肯定的答复。

神经科学家将美国普遍存在的肠胃问题和大脑问题联系起来。因为肠道大脑屏障和血液大脑屏障具有保护和选择功能。它们会让对肠道和大脑有利的营养经过，同时屏蔽对二者不好的化学物质或污染物。大脑健康专家开始认为我们在孩子身上看到的很多大脑健康问题，都

聪明微生物群需要的最佳食物

有利于微生物群的聪明食物含有很多膳食纤维。你不能消化膳食纤维，但微生物群可以。这些聪明的肠道微生物吃掉你剩下的东西，比如难以消化的芦笋茎。当它们吃掉这些"剩饭剩菜"，会为你的身体和大脑制造聪明的药物。有利于微生物群发展的物质被称为益生菌，也就是你的微生物群喜欢的食物。如果宝宝的微生物群能选择并告诉你哪些食物对肠道大脑最好，它们会列出下面这个单子：

- 苹果
- 洋蓟
- 芦笋
- 香蕉
- 大麦
- 黄豆
- 甜菜头
- 浆果
- 西蓝花
- 肉桂
- 白干酪
- 菊苣
- 大蒜
- 姜
- 青豆
- 绿茶
- 生蜂蜜

- 凉薯
- 羽衣甘蓝
- 开菲尔发酵乳
- 韩国泡菜
- 韭葱
- 兵豆
- 味噌
- 燕麦
- 洋葱
- 石榴
- 梨
- 藜麦
- 德国酸菜
- 天贝
- 豆腐
- 醋
- 酸奶

源于血脑屏障的渗漏。

微生物群喜欢沙拉。如果孩子的微生物群可以说话，它们会说："每天吃沙拉会让我保持健康。"妈妈也会说："让盘子里的颜色丰富起来吧。"膳食纤维是微生物群最喜欢的食物，也是沙拉的特色所在。你的上腹部不能消化的那些爽脆耐嚼的食物，都会进入下腹部，成为微生物群的美食。沙拉中的蔬菜和豆类是孩子微生物群最喜欢的植物类食物。

- 多吃绿色，比如有机芝麻菜、羽衣甘蓝和菠菜。
- 多吃红色，比如西红柿和红椒。
- 加一勺初榨橄榄油，会促进肠道吸收蔬菜中的营养物质。
- 肠胃微生物喜欢调料，尤其是姜黄粉、黑胡椒、姜、迷迭香、辣椒和肉桂。

4. 去外面玩——还要玩得脏兮兮的

曾经我们大部分人都在田野中长大，孩子们在外面玩耍，常常弄得脏兮兮的。那时候的人们有着更加健康的微生物群。然后，人们开始变得过分重视干净，至少美国人是这样：一天洗20次手，还会常常说："去外面玩吧，不过别弄脏了！"

1989年，英国医学期刊的一项研究改变了我们对细菌的看法。伦敦卫生与热带医学学院的研究者开始研究，为什么越来越多的人出现过敏症状，比如哮喘或花粉热，好像这种趋势伴随着人们从"肮脏的"乡村向"清洁的"城市转移。他们的发现将细菌学引向更脏的方向。他们发现农村长大的孩子，妈妈让他们到外面玩，而且容忍他们玩得脏脏的，还有那些家庭成员较多的孩子，也比较不容易出现过敏，也许就是因为在他们小的时候，在免疫系统正在发育成熟的关键时期，培养了更为健康的微生物群。再补充一点，研究发现那些农村长大的孩子比城市长大的孩子的微生物群更健康。

卫生假说。除了农村孩子玩得脏兮兮的这一点，另一个解释是城里孩子更容易接触垃圾食品，为垃圾微生物群提供养料。而农村长大的孩子则容易吃到高膳食纤维食物，培养肠胃中的好微生物。这些思考带来一个卫生假说：也许我们不必对孩子的脏兮兮大惊小怪。

让孩子一早暴露在正常的细菌环境之中，在这个环境中人类数千年来持续进化并学会如何与其友好相处，会让肠道和头部二者的屏障都具有更好的选择性。而回避细菌则让免疫系统手足无措，当孩子长大后，他们的免疫系统在碰到环境中的化学物质时就会反应过度，产生各种炎症或自体免疫性疾病，肠漏还会让坏细菌渗入体内。

西尔斯医生提醒你：全世界都在关心培养健康的微生物群和健康的大脑，家长们应该允许孩子变得"脏一点"。问题是现在的"脏"跟几百年前已经不一样了，化工厂附近的公园或游乐场的确不太安全。

5. 孩子的大脑吃了太多药？

肠胃病学家的意见是："药吃得少，微生物更好。"对培养健康的微生物群最不利的3种药物是：抗酸剂、抗生素和消炎药。因此在过去5年中，美国的儿科医生在给婴幼儿和儿童开抗生素的时候，变得更加明智和严格。

抗生素有益健康，甚至会挽救生命，但发育中的肠胃微生物却并不喜欢。抗生素被称为"肠道一扫光",不仅会杀死坏细菌,也会杀死好的微生物。更有甚者,一些没被杀死的坏细菌会迅速改变自己的遗传机制,以后就不再害怕抗生素了。它们变得具有抗药性。最好的一面是,你从本书中学到的大脑健康饮食知识,将帮助你建立更好的免疫系统,身体对抗生素的需要会大大减少。

> 药吃得少,
> 微生物更好。

益生菌:对妈妈和孩子的好处

你也许已经听说过益生菌——放在胶囊里的一堆有好处的微生物。益生菌因其对健康有利,从几十年前起欧洲人就开始把它作为膳食补充剂,现在在美国和亚洲也越来越受重视。益生菌主要帮助宝宝发育中的肠胃免受有害病菌的侵扰,不过这还不是它唯一的作用。科学研究发现,对孕期和哺乳期妈妈,以及大脑和肠胃都在发育的儿童,益生菌有以下作用:

对妈妈有利	对宝宝有利
• 帮助消化 • 平衡免疫系统 • 制造身体所需营养 • 防止肠胃内壁渗漏 • 防止有害细菌进入体内 • 训练基因适应环境——表观遗传学 • 防止过敏 • 防止肠道炎症 • 缓和情绪 • 缓和肠胃疼痛 • 减少结肠癌的风险 • 减少糖尿病风险 • 有利于控制体重 • 由于这项研究还在起步阶段，很多好处还有待发现	• 培养更健康的免疫系统 • 减少湿疹和皮炎 • 减少肠漏 • 防止早产儿出现严重肠胃疾病 • 屏蔽有害细菌

聪明肠胃的健康药店

肠道内壁

想象一下,孩子们的第二大脑就像肠胃内壁上的小药店,这些小"药剂师"制造出了很多对大脑有利的"药物"。

第八章
其他有关大脑发育的问题

在写这本书的时候，空气污染问题是中国家长和老师最担心的。

空气污染

空气污染会对孩子的大脑造成什么样的影响？

这是中国家长，尤其是那些住在工厂附近的人们最关心的问题。的确，中国存在空气污染的问题，而且会严重影响孩子大脑的发育。空气污染对所有年龄的人都有影响，而受影响最大的是孩子，他们的大脑更易受到污染的影响；还有老人，他们的大脑渐渐失去了抵抗污染的能力。

"怀孕和分娩这个阶段也许是一个人最脆弱的时候，环境对健康有着迅速而持久的影响。"这是加州大学洛杉矶分校流行病学、环境健康科学和神经病学系做出的总结。

我还记得全家从空气污染的洛杉矶搬到干净海边的那一天。那时候我给一个儿童棒球队做教练，如果有雾霾，我注意到很多队员都会咳嗽、气喘，看起来不舒服。

不久以前，美国很多地方的空气都比中国糟糕。现在，遗憾的是，中国在污染问题上已经超越美国。

问题有多严重？

美国人有句话"别惹妈妈"！2009年，一项针对10名新生儿的研究发现，宝宝的脐带上有200多种化学污染物（见EWG.org），这个发现使得美国家长敦促政府改善空气质量。

中国的研究。中国进行的一项研究发现，2004年铜梁的一家煤炭加工厂关闭，比起工厂关闭之后出生的孩子，关闭之前出生的孩子体内有利于大脑发育的蛋白质水平较低。美国哥伦比亚大学和中国重庆医科大学在这些孩子两岁的时候进行测试，发现他们表现出较低的学习能力。幸运的是，政府部门关闭了这家煤炭加工厂，代之以更安全的电力系统。对这些孩子的进一步研究发现，受到污染影响的孩子头围较小。

重庆医科大学附属儿童医院的医生们受到启发，对污染环境下孩子的长期遗传变异非常关心。关于中国空气的这项研究的重要发现是，跟煤炭加工厂关闭之后出生的孩子比起来，之前出生的孩子有利于大脑发育的自然营养物水平较低，学习成绩也不够理想。

糟糕的空气有什么影响。2014年，美国国家环境健康科学研究所资助了一次大脑健康研讨会，空气污染研究专家（也就是神经毒理学家）应邀介绍空气污染对大脑健康影响的最新发现。他们的总结如下：

暴露在高度污染的空气（根据空气中有害颗粒物的数量决定）中的人群，尤其是儿童，会表现出：

- 智力发展减缓
- 考试成绩降低
- 1～4岁孩子神经系统和心理发育较慢
- 增加中风风险
- 神经退行性疾病，尤其是帕金森病的发病率增加
- 早产儿增加
- 婴儿先天缺陷增加
- 更多孩子由于呼吸系统疾病而缺课
- 注意缺陷多动障碍增加

让你的眼睛不舒服并引起咳嗽的雾霾，也会影响大脑。有害颗粒对大脑的影响被称为神经炎症，意味着大脑组织的损伤，会减缓其发育速度。这个过程既引起了科学家的兴趣，也让人震惊。大脑是人体

最重要的器官，充满了保护性的化学物质，这种物质叫作抗炎成分。但是，长期暴露在污染之中，这些内在的保护系统变得疲于应付，就像敌强我弱的士兵，让恐怖分子——污染物，占据了优势，结果造成了神经中毒——大脑组织受到破坏。

如果你想进一步了解大脑内部发生的事，咱们先来看看名叫小胶质细胞的那些免疫系统细胞战士。数万亿的小胶质细胞一直在大脑中巡逻，努力扫除一切污染。污染物（颗粒物质，英文缩写PM）一直在轰炸小胶质细胞，在小胶质细胞和"恐怖分子"中挑起战争，持续的战争会损伤大脑组织，被称为过度活跃的炎症反应。炎症的意思就是你的免疫系统跟细菌和毒性物质做斗争。全世界尤其是美国，炎症疾病越来越普遍，出现这种疾病的时候免疫系统被迫疲劳作战，要么败下阵来让大脑生病，要么持续作战，大脑因此受到损伤。

神经科学家长期研究空气污染对大脑的影响，他们发现滋养大脑花园的正常大脑细胞会因污染而受伤。其中两种是星形胶质细胞和少突胶质细胞（你在第65页看到起作用的细胞）。简单地说，污染伤害了大脑花园里的种子，没有那么多种子长成大树，也就没有那么多大树能跟其他植物发生联系，你的大脑就不那么聪明了。这就是污染的影响。

还记得你在前面了解的孩子大脑的保护性血脑屏障吗？神经毒理学家相信，污染会损害星形胶质细胞，血脑屏障负责修复的工作，星形胶质细胞的受损会导致血脑屏障发生渗漏，家长们一定不希望这种情况出现在孩子的大脑中。

50年来，我深爱的妻子也是我的合作伙伴，自从她变得对空气污染非常敏感以后，我自己也对研究其影响非常感兴趣。我在路上开车的时候开始躲避柴油车排出的废气，待在柴油车前面，而不是后面（毒理学家用动物进行实验研究，发现柴油机排放的气体具有很强的神经毒性）。

从鼻子到大脑的污染高速通道。神经科学家和神经毒理学家进行的研究揭示了我们用鼻子吸入的污染物是如何迅速到达大脑的。他们将放射性污染物注入实验用动物的鼻孔，发现污染物迅速到达了大脑控制气味的中心，也就是嗅觉通道，从那里，污染物再通过其他"高速公路"影响大脑的其他领域。

孩子的大脑易受影响。神经毒理学家得出的结论并不出人意料，但仍然令人震惊，那就是孩子的大脑更容易受到空气污染的影响。孩子的年龄越小，接触的污染空气越多，大脑发育就越可能变得迟缓。研究者常用的术语是"儿童空气污染"。很多此类研究都说明：空气污染的影响对婴幼儿尤其严重，而孩子决定了一个国家的未来。清洁的空气应该是一个国家的重中之重，由于人们重视经济发展，希望拥有更多的工作机会和更多的财产，不惜付出污染的代价。如果不采取行动，后果将不堪设想。

在前面，我们谈到"去外面玩"对孩子大脑发育的重要性，但很多中国孩子玩耍的环境恐怕对大脑来说不够健康。

中国面临的经济－健康困局，美国在10年前也遭遇过，而且美国已经在一定程度上做出了改善。虽然在很多大国，经济的发展都伴随着空气污染，但情况并非必须如此。中国现在面对着经济发展政策的挑战，它让无数家庭摆脱了贫困，但这不需要以孩子的牺牲为代价。

我相信在经济上表现卓越的中国，一定也会找到更清洁的能源。政府有耗资数十亿美元的计划来清洁空气，将会从更健康的能源以及更清洁、更节能的汽车开始。很明显，美国华盛顿、俄勒冈和加州这些地方，特别希望中国的计划获得成功，无论如何我们都呼吸着同样的空气。

美国前总统里根把20世纪90年代形容为"大脑的年代",那个年代很多研究都针对空气污染对大脑发育的影响,这是个有趣的巧合。

西尔斯医生的建议:化石燃料,比如汽油和柴油的燃烧带来的化学物质,对肺部和大脑尤其有害,其中含有的细小颗粒会被吸到肺部。这些有害物质突破肺部屏障进入血液,然后渗透到大脑,甚至能渗入孕妈妈的胎盘。柴油燃烧形成的小颗粒是黑炭物质,也叫煤烟。波士顿大学公共卫生学院的一项研究跟踪研究了波士顿的200名儿童,从他们出生到10岁,发现暴露在柴油污染中的儿童在智商测试中得分较低。

为什么孩子更容易受到脏空气的影响? 造成这种不健康关联的原因有如下几个:

- 孩子的肺部表面积相对于他们的体重来说比例更大。按每千克体重来算,他们呼吸的空气是成人的两倍。
- 发育中的遗传机制对有毒化学物质更加敏感。
- 孩子们在外面待的时间更长,他们奔跑、运动,跟成人比起来呼吸更深、更重。

总的来说,孩子吸入的污染空气相对更多,污染物质更容易渗透到他们的血液和大脑中,污染造成的损害也更严重。

从1992年开始,南加州大学进行了一项儿童健康研究,收集了6000多名南加州儿童的数据,在超过8年的时间内,将这些儿童的健康水平和空气污染水平进行对照。意料之中的是,他们发现住得离污染源比较近的孩子会患上各种呼吸系统疾病,比如哮喘等。由于上面提到的孩子对空气污染更敏感的3个原因,如果空气污染影响孩子的肺部,也会影响他们的脑部。

减少空气污染，可以造就更聪明的大脑，让孩子成为富有创造力的公民，这应该成为所有国家的经济政策。

儿童菜单

按儿童菜单点菜是否万无一失？

抛弃儿童菜单吧。你要给孩子真正的食物，让他们成长为健康的大人。奶酪通心粉、炸鸡块和热狗——美国儿童菜单上的宠儿，对孩子的健康可没有什么好处。在很多社会文化中，宝宝的第一餐就是把大人吃的饭捣成泥，比如阿拉斯加的三文鱼，亚洲的米饭和兵豆。你应该让孩子吃跟你一样的健康食物，或者从成人菜单上点半份就行。

提供 Omega-3 油脂

我们家吃的海鲜不多，能从植物油中得到 Omega-3 吗？

也许可以，但海鲜是更可靠的 Omega-3 油脂的来源。亚麻子油非常健康，亚麻子食物（磨碎的亚麻子）也含有非常棒的营养成分。我喜欢在早餐奶昔中加入少量磨碎的亚麻子。虽然亚麻子油号称含有 Omega-3，但跟海鲜能为人提供的健康 Omega-3——EPA/DHA 不能相提并论。在标准的西式餐饮中，即使含有大量的亚麻子油，也只能带给血液少量的 Omega-3 油脂 EPA。我来告诉你为什么。

亚麻子油中的 Omega-3 叫作 α－亚麻酸（简写为 ALA），它的分子比较短，只有 18 碳，而碳链更长的 Omega-3 如 EPA 和 DHA（分别为 20 碳和 22 碳），对身体和大脑都更好。当你吃下来自海鲜的 Omega-3 油脂 EPA/DHA，它们会直接到达身体最需要的组织，比如大脑和心脏。DHA 和 EPA 被称为"预成型"脂肪酸，也就是身体所需的不用经过生化处理的物质。而亚麻子油、菜籽油和核桃油却是半成品——"短家伙"。吃进这些油脂之后，肝脏必须进行一系列复杂的酶作用来为这些家伙加上 2～4 个碳，把它们变成"长家伙"EPA 或 DHA。其中的一种酶被称为碳链延长酶，可以使得碳链更长。不同人的身体增长碳链的效率有所不同。由于雌激素效应，还未绝经的女性的 ALA 转化能力比男性更强。而且对很多人来说，他们的酶非常挑剔，不能把太多的亚麻子油 Omega-3 转换成 EPA 或 DHA——可能还不到 4%。因此，如果你食用亚麻子油，这只能是一种添加的食物，不能替代鱼油。

也许你看到食物包装上写着"添加 Omega-3"，消费者要小心！现在 Omega-3 那么受欢迎，商家都想在包装上标明。有的包装用碳链较短、较便宜的 Omega-3 来鱼目混珠，比如亚麻子油或菜籽油，包装上可能写着"增强 Omega-3"。怎么选择有一个小窍门——如果包装上只说了"Omega-3"或"Omega-3 ALA"，就可能来自亚麻子油或菜籽油；你要找的是"Omega-3 DHA""Omega-3 EPA/DHA"或"来自海洋的 Omega-3"。

为什么三文鱼是粉红色的？

渔夫朋友告诉我们，粉红色的海鲜，比如三文鱼，通常最健康。这是为什么？

这在科学上完全正确。让三文鱼变成粉红色的天然物质正是大自然母亲最聪明的决定。在研究海鲜为什么是最聪明的健康食物时，我有机会跟阿拉斯加的渔民一起去打鱼，最佳选择海鲜公司的老板兰迪·哈特内尔和我一起。看着三文鱼在漫长的洄游路途中奋斗，我为它们的耐力惊叹不已。一天早上，看着这些游弋中的三文鱼，我问兰迪："为什么三文鱼是粉红色的？"

他告诉我，三文鱼的食物包括磷虾、小鱼和海藻，这些食物中都含有丰富的色素，称为虾青素。当三文鱼决定改变生活方式，离开海洋，回到它们出生的河流中去产卵，就好像听从体内 GPS 的指引，在这段勇敢的旅程中，它们会停止进食，依靠长期积累的脂肪和其他养料来生存。在到达目的地以前，它们的肌肉会变成较深的粉红色，因为它们在利用来自食物中的虾青素。它们越是努力洄游，身上的粉红色就变得越深。这些强大的营养物质扮演了身体卫士的角色，在漫长的旅程中保护着它们的肌肉和体力。当三文鱼消耗体内储存的脂肪时，大量虾青素到达肌肉，使其颜色变成偏红的粉色，因此洄游的三文鱼也被称为"红色三文鱼"。

大自然母亲的保护。洄游的三文鱼肌肉处在氧化应激的作用下（简单说就是大量肌肉组织使用过度，感到疲劳），这种生化作用也会让我们生病、劳累和变老。但是再想想，这些强壮的鱼类在湍急的河流中持续游泳，时间会长达 7 天。是什么使得这些游泳英雄完成这么大强度的运动，同时保护肌肉不受损伤？原因就是：天然的虾青素。没有这些粉红色的组织保护，三文鱼就不太可能到达它们的目的地。从野生三文鱼承受最大压力（也就是制造最多的氧化物质）的肌肉中，发现高浓度的天然虾青素（抗氧化物质），这很有意思。大自然母亲太聪明了！

在我思考这些的同时，也很好奇：如果说虾青素对鱼类有这么奇妙的作用，那是否对人类也有好处？毕竟，大脑制造很多的氧化物，而虾青素是一种强大的抗氧化物，应该对大脑有益。我还想知道，妈妈们知道的关于蔬菜水果的营养原则,是否也同样适用于鱼类。也就是说:颜色越深越好。虾青素是自然界最强大的抗氧化物之一。抗氧化物是中和氧化物的物质,氧化物是身体在紧张的训练中,像洄游的三文鱼那样,产生的让人疲惫的生化物质,身体组织在生长和修复的时候也会制造这样的副产品。但这种粉红色的"药品",比人们日常服用的维生素 E 和维生素 C 等抗氧化物更加有效。所以,妈妈们给孩子的餐盘里增加颜色的做法不仅适用于蔬菜水果类,也适用于鱼类。

我的朋友、神经科学家鲍拉·比克福德博士这样说虾青素:

"虾青素对健康好处多多。针对虾青素的研究显示,它可以减少炎症,也会减少对 DNA 的破坏。多年的研究让我们知道,年纪渐长时,制造炎症的细胞活动也越来越多,人们患上神经退行性疾病及其他免疫系统相关疾病的概率也在增加。让我们重新感觉精力充沛的一个办法就是摄入虾青素。我将这件事纳入日常程序后,感到充满活力。上百种研究都支持虾青素有益的说法。虾青素是被确认并通过研究的最有效的类胡萝卜素。"

由于人的大脑极易受到氧化作用的影响,而研究已经证明虾青素是强大的抗氧化物,所以神经学家把虾青素称为"神经保护者"。要给发育中的大脑提供最好的抗氧化效果,每天要摄入大约 4 毫克虾青素。28 克红色三文鱼含有 1 毫克虾青素,为了摄入 4 毫克,你每天应该吃掉 150 克的红色三文鱼,而大多数人都做不到。我的建议是补充天然虾青素,经过安全检查的虾青素从海藻中提取,海藻也是大自然母亲让鱼类获得虾青素的来源。

孩子身边的二手烟

我知道在大人身边吸烟不好,那对孩子是否有更坏的影响?

对,坏得多!我希望即使吸烟,也不能在有婴幼儿的房间吸烟,甚至在准妈妈或孩子周围 6 米内都不能吸烟。如果一个人在经过准妈妈或孩子时,没有掐灭手里的香烟,就应该被罚款甚至抓起来,是的,就要这么严厉!

首先,让我们讨论一下吸烟对准妈妈的影响。如果妈妈在孕期吸烟,胎儿出生后患上婴儿猝死综合征的概率会增加两倍,这个统计数字让人震惊。如果父母都吸烟,危险性还会更高。科学研究发现,如果妈妈在怀孕时吸烟,孩子会发生如下变化:

- 智商降低
- 学校表现变差
- 脑部更小
- 学习困难
- 行为表现变差

神经科学家相信,吸烟时尼古丁会直接毒害大脑相关领域。实验发现,尼古丁破坏大脑的呼吸控制机制。记住,按照占体重比例来看,发育中孩子的大脑消耗的氧气最多。如果孩子接触到香烟烟雾,不仅肺部会受影响,输送到大脑的氧气也会减少。

美国人说"妈妈都是天生的母狮子",意思是说妈妈们天生就会保护孩子免受攻击。而吸烟就是一种攻击!

早产儿

由于孕期并发症，我的宝宝早产了4周左右。可以做点什么来促进宝宝的大脑发育吗？

当然可以！你和爸爸的爱是宝宝最好的"大脑发育药物"。之前我们已经说到了镜像神经元这个概念，你在早产儿身上运用的促进大脑发育的方法越多，你的大脑就越了解如何照顾早产的宝宝。这很有道理。早产宝宝需要特别的呵护，他们的大脑才能跟上同龄人发育的脚步。

胎儿的大脑在最后4周发育最快，精心呵护可以帮他们弥补在子宫中失去的机会，尤其是在出生后的第一个月。从根本上说，除了第二章中提到的所有的事情，你还要给早产宝宝加倍的抚育。我来告诉你怎么办。

给宝宝聪明的乳汁。让宝宝赶上同龄人的最聪明的药物，就是你的乳汁中含有的神奇成分。大自然母亲为尚未成熟的小生命专门准备了妈妈的升级版奶水。在妈妈的乳汁中，含有早产宝宝需要的更多的天然营养物。

把宝宝背在身上。科学研究的结果，聪明的妈妈们几百年前就知道了：宝宝得到的抚摸越多，就越聪明。2013年，以色列耶路撒冷的希伯来大学医学院大脑疾病研究中心的神经科学家们发表了研究结果，他们在医院中持续研究了14天73名常常有肌肤接触的早产宝宝，这种育儿方式也被称为"袋鼠育儿法"。他们将这些孩子跟普通孩子比较。被妈妈背在身上、享受更多抚摸的孩子大脑发育得更好，思考能力得到加强，睡得也更好，能更好地处理压力、控制感情。这不就是每一位父母的愿望吗？

这些专家也认为，孩子在大脑发育最迅速的时候充分享受充满爱意的抚摸，他们的大脑花园就可能变得更美丽，尤其是在爱与同情方面。

疫苗安全

现在关于疫苗对孩子大脑是否安全有不同的说法，我们也有点担心。

每个国家根据自己的疾病状况，都有相应的免疫计划。下面让我们来讨论一下你们对于疫苗和大脑发育可能有的担心。

现在的媒体宣传出了问题。当一种设想没在科学上得到证实以前，就已经被公之于众了，争论会造成很多影响，基于错误的科学依据给出的意见也会给人们错误的指导。在美国和欧洲的疫苗界都出现过这个问题。之前，有说法称麻疹疫苗和自闭症可能有关，这在媒体上迅速传播开来，让美国等国家数百万的家长惴惴不安。没过多久，英国开始停止使用麻疹疫苗，结果导致麻疹病例的增加。这就是关于麻疹疫苗的争论带来的后果。现在的研究已经得出结论，麻疹疫苗和自闭症之间并没有什么因果关系。

其次，关于疫苗如何降低大脑相关疾病的发病率，尤其是婴儿脑膜炎，我要谈谈自己的观察。从20世纪70年代到90年代初期，我几乎每天在医院中巡视，处理婴儿和儿童的细菌性脑膜炎，有些孩子的大脑受到了不同程度的终身影响。导致脑膜炎的两个常见原因是H型流感和肺炎双球菌，在有了这两种针对性的疫苗之后（这是接种计划中的一项大进展），儿科医生都看到了脑膜炎发病数量的显著下降。

总之，要听从国家医疗服务部门的建议，他们非常关心孩子的健康。

太糟糕了！

什么是"美式饮食"？

过去10年中，中国父母开始给孩子吃美式饮食了。坏消息是，大多数美国孩子吃了太多的垃圾食品，儿童中普遍出现了大脑健康问题，而且出现的年龄越来越早。"美式饮食"的含义多年来一直在改变。最初指的是美国标准饮食（Standard American Diet），被健康爱好者贴上了"悲惨"（SAD）的标签。在我们的诊所，那些受过高等教育的家长们极为忧虑，妈妈们很生气，不仅拒绝购买垃圾食品，也让食品包装商们最终重视她们的意见，在包装上标明食品成分。我的一个梦想就是，有朝一日"健康食品超市"会生根发芽、遍地开花。

食品商标漏洞

我想知道食品中添加了多少糖，但很难弄清楚。

发现食品中有多少"人工添加糖分"并不容易，因为食品制造商不想让你知道，而大多数顾客也不会去计算。诚实的行为是在外包装的营养成分表中简单地写上"添加糖分"，但实际上一般顾客很难发现。下面我来教你做点侦查工作：

看看成分表。如果其中含有这些物质，就属于"人工添加糖分"，不要买给孩子。

- 糖
- 玉米糖浆
- 高果糖玉米糖浆
- 蔗糖

- 三氯蔗糖
- 阿斯巴甜
- 糖精

这些糖分或人工甜味剂添加到食物中去，引诱孩子们吃个不停。如果成分表中有上述任何一项，就要引起注意。有时食品中添加的糖分并不多，但是，大部分营养素中的"糖"都来自真正的食物，比如奶制品中的乳糖，以及健康的植物类食物中含有的天然碳水化合物。

如果糖分高居成分列表的前三位，很可能其中的人工添加糖分太多。即使列在成分表的末尾，也不太可能含量特别少。一般来说，成分表上"碳水化合物"和"糖"的差距越大，食物所含的碳水化合物就越多。比如，一份健康的全麦谷物可能包含24克碳水化合物、6克糖，意思是说其中的"糖"主要来自全麦中天然健康的碳水化合物。这个分析对果汁不适用，即使在纯果汁中，"碳水化合物"和"糖"的含量也几乎相当，也就是说果汁几乎都是糖。因此，要告诉孩子，吃真正的水果比喝果汁健康得多，因为水果中含有的膳食纤维可以防止血糖突然升高。

一个好消息是，美国食品药品监督管理局（FDA）要求从2018年开始，所有的食品标签上都要对添加的糖分含量明确标出。希望中国也能采取相似的政策，越快越好。

第三部分
从孕期开始养育聪明的宝宝

Q：宝宝的大脑发育什么时候最关键？

A：孕期的最后三个月。

任何国家的未来都建立在孩子的健康上。科学已经证明，孕期健康才能养育更健康的孩子。清洁我们的环境，创造更好的条件，让准妈妈可以实施这一章中提到的建议吧。

第九章
孕期：养育聪明宝宝的 5 个方法

在宝宝的一生中，大脑发育最快的时候是在妈妈肚子里的最后 3 个月。这里有 5 个方法，让宝宝在妈妈肚子里就拥有聪明的起点。记住，对宝宝好的，对妈妈也好。为宝宝做到这 5 件聪明的事，也会让妈妈在孕期和生育时更健康。

1. 聪明的饮食

胎盘提供给宝宝的营养，70% 都用在宝宝的大脑发育上了。孕期最后 3 个月，宝宝的大脑会增至原来的 3 倍，这时候你吃下的食物发挥的作用最大。

针对孕期妈妈，我们的第一项建议是"多吃安全的海鲜"。宝宝大脑的 60% 都是脂肪。海鲜中的顶级脂肪也是宝宝大脑需要的。在过去 10 年中，成千上万的科学论文都证明，妈妈在怀孕期间给宝宝提供足够的 Omega-3 脂肪（DHA 和 EPA）大有裨益。

研究显示，怀孕及分娩后 3 个月内，如果妈妈吃足够多的海鲜，或者服用足够的 Omega-3 鱼油补充剂，会有如下效果：

- 降低产前及产后抑郁症的发病风险。
- 降低早产及孩子体重过轻的风险。
- 孩子的视力会更好，尤其是那些早产儿。
- 降低孩子皮肤及呼吸系统过敏的风险。

简单的油脂就会对妈妈和宝宝的情感、智力发展有着深远的影响。

你需要的 9 种聪明的营养素

对于妈妈变化中的身体和宝宝发育中的大脑，为了得到最好的营养，每天除了一般的摄入量，你们还需要：

1. 能提供 1000 毫克 Omega-3 的 DHA
2. 25 克蛋白质
3. 800 毫克钙
4. 400 毫克叶酸
5. 12 毫克铁
6. 1000 国际单位（IU）维生素 D
7. 12 微克维生素 B_{12}
8. 220 微克碘
9. 额外的 300～500 千卡健康的热量（在怀孕 3～9 个月的时候）

科学家说：更多安全的海鲜，更加聪明的宝宝。想给肚子里的宝宝最好的成长食物吗？多吃鱼！研究已经证明，怀孕期间Omega-3（DHA）摄入量足够多的妈妈，更可能足月分娩。研究者注意到，居住在海岛、食用更多海鲜的孕妇，孩子出生时间比一般的孩子晚4～8天，新生儿的体重也更重。2003年，密苏里大学产科与女性健康系和堪萨斯大学医学中心的饮食营养学系，研究了291名孕妇（孕24～28周），她们的Omega-3（DHA）摄入量都偏低。研究者将这些妈妈分成两组，一组比另一组每天补充的DHA（将DHA补充剂加在鸡蛋中）多100毫克。研究者分析了妈妈们血液中的Omega-3浓度，一次在研究开始的时候，一次是通过出生后的脐带检测。他们发现增加DHA补充剂的妈妈的孩子的确发育更好，尤其是在以下方面：

- 孕期延长3～6天。
- 宝宝平均出生体重增加约100克。
- 宝宝红细胞中的DHA含量更高。
- 胎盘更重。
- 较少出现早产情况。
- 妈妈较少出现先兆子痫或高血压。

为什么Omega-3的作用这么大？研究人员的理论是，Omega-3可以轻微延缓触发分娩的激素出现，这种激素就是前列腺素。

《英国妇产科学期刊》2000年也发表过一篇研究，从孕期第20周开始摄入2700毫克Omega-3（DHA/EPA）的丹麦女性，早产的情况比较少，孕期增加了

8天，新生儿体重大约增加了210克。研究人员得出结论，这样的效果只会在Omega-3摄入量足够的女性身上看到。

这里强调Omega-3的重要性，是因为在我参加的一个中国营养学会的会议上，有报告说中国人日常的Omega-3摄入量低于全世界大部分国家，甚至那些不如中国发达的国家。

早产儿体内的Omega-3含量可能比较低，比正常婴儿更需要Omega-3补充剂，这有两个方面的原因。第一，早产儿体内的脂肪含量较低，因此能储存的Omega-3也比较少。第二，他们的身体组织没有足够的时间来积累Omega-3。所以，在怀孕早期应该早做计划为宝宝补充Omega-3。

Omega-3让妈妈更开心。不仅宝宝发育的大脑喜欢Omega-3，疲惫的妈妈也喜欢。关于Omega-3的效果，一项最新、最鼓舞人心的发现是，在怀孕期间摄入更多Omega-3的妈妈更不容易抑郁，无论是产前还是产后。饮食中的Omega-3含量不足，会造成情绪障碍，比如抑郁或焦虑。你已经了解，宝宝需要额外的Omega-3来帮助身体和大脑发育。研究也发现，孕期女性在怀孕6～9个月的时候，血液中Omega-3（DHA）的水平较低，这时候正是宝宝大脑发育最快的时候。在怀孕和哺乳期间，宝宝在吸走妈妈的Omega-3，也许因此让妈妈体内的Omega-3不足，并出现抑郁。健康的孕期膳食意味着足够的Omega-3，要让妈妈和宝宝都满意。

关于Omega-3不足为什么会引起抑郁，科学家还有一个说法。新的心理神经免疫学揭示了，为什么Omega-3不足会造成怀孕女性抑郁。想象一下你肚子里的宝宝体内在发生着什么。在孕期最后3个月，你的免疫系统高度警戒，保护自己和宝宝免受感染，并让身体为生育做好准备。身体进入一种促发炎状态，被称为细胞激素的保护性生化物

质水平较高。Omega-3 的一个重要作用就是调控炎症反应，让炎症系统保持平衡。过多的炎症会导致妈妈神经系统疲劳，带来情绪低落，同时夺走妈妈所需的精力和睡眠。

每天应该摄入多少 Omega-3？ 营养学家发现，美国女性每天摄入的 Omega-3（DHA/EPA）只有 150 毫克。也许你听到的说法是，怀孕和哺乳期的女性每天应该摄入 500 毫克 Omega-3，而我们的看法是每天至少应该摄入 1000 毫克（1 克）的 Omega-3（DHA/EPA）。

- 怀孕和哺乳期的女性每周应该吃 340 克安全的海鲜。170 克野生三文鱼一般就含有 600 毫克的 DHA/EPA，每周吃两次就好了。
- 除了一周两次 DHA 含量丰富的海鲜，每天吃 500 毫克的 Omega-3（DHA/EPA）鱼油作为补充。

如果你不吃海鲜。每天吃 1000 毫克的 Omega-3（DHA/EPA）补充剂。看看鱼油制品上的说明，确保 Omega-3 含量（DHA 和 EPA）达到 1000 毫克，至少有 600 毫克应该是 Omega-3（DHA）。

安全海鲜。我们认为最安全的是阿拉斯加红三文鱼和国王三文鱼。选择这些野生的太平洋三文鱼，有几个原因：野生的阿拉斯加海鲜来自干净的水域，而且阿拉斯加渔政部门对食物安全有严格的管理。阿拉斯加红三文鱼和国王三文鱼的 Omega-3 含量最高，还含有前面讨论过的让鱼肉变成粉色的营养元素——虾青素，这是增强免疫系统的最强大的天然抗氧化物（我们研究过的安全海鲜，参见 AskDrSears.com/safeseafood，或者《Omega-3 的作用》）。

不要吃垃圾脂肪。你已经了解到，"聪明的脂肪"让神经递质可以顺利通过细胞膜，形成更多大脑连接。而人工生产的脂肪——"垃圾脂肪"，尤其是像氢化油这样的东西，则会穿过胎盘，堵住细胞膜。而且，氢化油——也被称为反式脂肪，还会屏蔽宝宝大脑中将植物油中的 Omega-3 转化为 DHA 的酶。在妈妈怀孕的时候，宝宝需要改变脂肪。为了让宝宝的大脑发育得更聪明，要吃含有正确脂肪的食物，而不是低脂食物。

多吃蓝莓，让大脑开花结果。蓝莓的蓝色果皮中富含类黄酮花青素，是保护身体组织的强大抗氧化物，尤其擅长保护大脑免受炎症和疲劳带来的损伤。蓝莓的好处还在增加。人们将蓝莓叫作"大脑浆果"，因为研究证明，蓝莓起着保护神经组织的作用。

在怀孕期间，为了健康改变摄入的油脂种类

为了从有营养的油脂中得到更多好处，少吃不利健康的油类也很重要，不健康的油脂会抵消健康油脂的效果。参见西尔斯医生的《Omega-3 的作用》。

应该吃的油脂	不应该吃的油脂
• 鱼油 • 亚麻子油 • 坚果油 • 橄榄油 • 初榨椰子油	• 部分氢化油，询问是否含有反式脂肪 • 棉籽油 • 加工的化学食品中的油

检测血液中的聪明脂肪。现在有一种血液检测，只要简简单单的一滴指血就行。这项检测对孕期和哺乳期妈妈很重要，因为这些阶段的妈妈需要的最重要的营养就是 Omega-3，而 Omega-3 往往处于不足状态。这项检测最近几年才出现。不同的人需要的 Omega-3 含量也不一样。一些女性善于吸收，能够吸收吃下的鱼和鱼油补充剂中的大部分 Omega-3，但另一些人则相对不善吸收。血液检测会告诉你，饮食中是否有足够的 Omega-3 来帮助宝宝的大脑发育。

怀孕期间要吃健康的糖分。你不应该吃"人工添加的糖分"，以及人造的高果糖玉米糖浆，而要健康的糖分——黑糖蜜。黑糖蜜的营养成分正是孕妇的身体需要的。一勺（10 毫升）美味的黑糖蜜含有 170 毫克钙和 3.5 毫克铁，还有很多微生物和矿物质，且只有 47 千卡热量。

吃干净的食物。要有机的食物！为了孕期健康，是否值得多花钱买有机食物？绝对值得。我们前面已经讨论过为什么化学食品对宝宝没好处，下面再总结一次：

- 宝宝的大脑非常容易受到化学物质的影响，大脑在孕期最后3个月和出生后的两年内发育最快。大脑的60%都是脂肪，而脂肪最容易被毒素伤害。
- 血脑屏障保护着大脑组织不受血液中的毒素影响。在胎儿期间，这种屏障发育得还不成熟，肚子里的宝宝尤其脆弱。
- 宝宝的"垃圾处理系统"，也就是肝脏和肾脏还不成熟，尤其是在妈妈肚子里的时候。
- 迅速成长并分裂的细胞中的遗传机制，也很容易受到农药和其他有害物质中的毒素影响。
- 宝宝的身体更容易储存毒素。相对成人来说，他们身体中的脂肪比例更高。
- 政府有关部门公布的化学物质"承受上限"并不针对孩子。宝宝不像大人那样容易代谢化学物质并解毒。按体重比例来说，他们吃掉的食物也比成人的多。美国农业部不知道那些化学物质对孩子有多大影响。

吃有机食物的几条最佳建议：

从12种"脏食物"开始。从蔬菜水果开始吃有机食物，尤其是那些需要带皮吃的。如果找不到有机食物，就彻底清洗、清除蔬菜水果表面的农药、蜡和油类，这些物质仅靠水不能完全洗掉。美国环境工作小组是一家指导消费者寻找有机食品的组织，下面是他们建议的12种脏蔬菜水果和13种干净（农药含量最低）蔬菜水果。

12 种脏蔬菜水果	13 种干净蔬菜水果
（只买有机食物，或者清洗干净）	（非有机食物也可以，但要清洗干净）
• 芹菜 • 桃子 • 草莓 • 苹果 • 蓝莓 • 油桃 • 柿子椒 • 菠菜 • 樱桃 • 羽衣甘蓝 • 土豆 • 葡萄	• 洋葱 • 牛油果 • 甜玉米 * • 菠萝 • 杧果 • 甜豆 • 芦笋 • 猕猴桃 • 圆白菜 • 茄子 • 甜瓜 • 西瓜 • 红薯

* 很多甜玉米都是转基因食品，但没有标注。如果你对此心存疑虑，请选择有机玉米。

- 有机乳品。无论是发育中的宝宝还是你的身体，都不希望受到内分泌干扰素，也就是给奶牛用的激素和其他药物可能带来的有害影响。
- 有机肉类。要吃散养且不用化学添加剂或激素喂养的禽类。蛋

脐带上的化学物质

人们曾经认为胎盘提供了远离环境污染的绝佳庇护所,但科学研究却打破了这个神话。有多少食物和环境中的化学物质实际上穿过了胎盘,进入宝宝体内?很多很多!

以下是一些科学发现:

- 2004 年,针对 10 名婴儿的一项研究表明,在这些宝宝的脐带血中发现了 232 种可能有毒的化学物质。

- 针对出生于 2007~2008 年的 10 名婴儿的研究,揭示了脐带血平均含有 200 种有毒的环境污染物,包括一些塑料中使用的双酚 A、多氯联苯,以及不粘锅和不锈钢表面使用的全氟化合物。

- 2009 年,一项针对 62 对母子的子宫和脐带血的研究发现,如果妈妈血液中的有毒化学物质较多,新生儿的脐带血也会出现相同的情况。

- 2011 年,针对 30 名怀孕女性的研究发现,转基因植物产品的化学物质也出现在了脐带血中。

- 2011 年,美国疾病预防控制中心的数据表明,采集的孕期女性的尿样中,含有至少 8 种有毒的化学物质。

研究人员得出结论,胎盘一方面的确可以把一些有毒的化学物质屏蔽在外,但他们也担心疲于应对有毒物质的胎盘效率会下降,不利于宝宝的器官发育。

类也是如此，有一种说法是，动物会将化学物质集中在奶和蛋上。选择瘦肉，因为化学物质也最容易集中在脂肪上。

- 有机脂肪。由于化学物质最容易集中在脂肪上，要选择有机的油类和坚果，做聪明的选择。

不要吃化学添加剂。拒绝最脏的 12 种食物。

最脏的 12 种食物

以下是科学研究证明可能对宝宝发育不利的化学添加剂：

- 安赛蜜
- 人工色素
- 阿斯巴甜
- 丁基羟基苯甲醚
- 二丁基羟基甲苯
- 水解植物蛋白

- 谷氨酸钠（味精）
- 部分氢化油（反式脂肪）
- 溴酸钾
- 没食子酸丙酯
- 苯甲酸钠
- 硝酸钠/亚硝酸钠

来源：美国环境工作小组 EGW.org

---

2. 绿色生活——呼吸清洁的空气

很多女性在怀孕之后自然而然就变得健康了。怀孕使你的身体对吃进去的食物、呼吸的空气更加敏感。孕期女性很容易闻到烟味、汽油味，以及其他有害的气味，离得远远地就能闻到。我常常听到准妈妈说："这以前根本不是问题，现在却很折磨人。"母亲的本能让妈妈具有保护性，从怀孕的时候就开始了。

理所当然，准妈妈对环境中的气味和毒素最敏感的时候，也是宝宝最易受到有害物质影响的时候，这就是孕期的前3个月。开始几周最容易出现出生缺陷，因为这个时候是宝宝器官形成最快的时候。统计数字会减轻你的忧虑：即使大多数宝宝在妈妈肚子里已经受到污染的影响，出生的时候一般也都没有问题。

3. 不要吸烟

如果肚子里的宝宝会说话，大概会说："妈妈，多亏你不吸烟！"产科医生、儿科医生和医务工作者一致认为：怀孕期间吸烟是对肚子里宝宝的虐待。妈妈吸烟的时候，宝宝也在吸烟。下面你看到的所有内容也全部适用于二手烟。

吸烟伤害小小大脑。新的研究发现，宝宝的大脑不仅会因为氧气减少而受到伤害，香烟中含有的化学物质也对大脑不利，会直接毒害发育中的大脑细胞。如果妈妈在怀孕期间吸烟，尤其是那些一天抽一包烟以上的妈妈，她们的宝宝大脑直径较小，一岁的时候智力得分较低，智商也有所降低。上学以后，成绩也比不上那些不吸烟妈妈的孩子。

不客气地说，怀孕期间吸烟非常愚蠢。

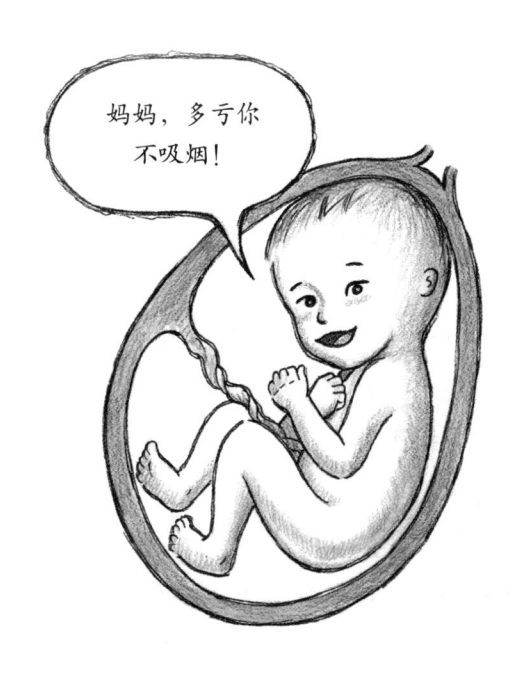

4. 怀孕期间不要喝酒

虽然喝酒的危害没有吸烟那么大，宝宝也会告诉你："妈妈，我在你肚子里的时候不要喝那么多。"由于酒精是一种"油脂溶剂"，对宝宝大脑有很大的不良影响，因为大脑是身体中脂肪最多的器官。最近几年，越来越多的医生认识到，摄入很多的酒精对宝宝影响很大，但少量酒精也会造成一点影响，不过不那么明显罢了。美国卫生部长及产科、儿科医生都建议准妈妈在怀孕期间不要喝酒，对此我们完全同意。

偶尔在吃晚饭的时候喝一点葡萄酒，也许对宝宝没什么影响。但是，一定要避免在怀孕期间喝得太多（一次喝上五六种酒），或者一天平均喝两种以上的酒，这样的酒量会给宝宝带来危险（150毫升葡萄酒或者360毫升啤酒在安全范围内）。还要记住，孕期头3个月酒精的影响最大，因为这时候宝宝的器官发育尚在起步阶段。

5. 不要担心，要开心

希望你知道在怀孕期间为了让宝宝的大脑发育得更聪明，可以做些什么，但不要为了自己无能为力的事情而担心。担忧本身就会释放高水平的应激激素，这种激素的水平如果太高、持续时间太长，对宝宝的大脑发育有害。尽可能地吃得干净、生活得干净，宝宝就会很感激你了。

妈妈的想法和情绪也会影响宝宝大脑的发育。有新的科学研究正在针对宝宝的大脑如何受到子宫环境的影响展开分析。妈妈和宝宝通过胎盘分享着同样的激素，如果流过脐带的血液中满是应激激素，宝宝的应激激素水平也会升高吗？或者，长期焦虑或紧张的妈妈也会给肚子里的宝宝带来压力吗？科学还没有明确答案，不过妈妈学会在孕期应对压力非常重要。准妈妈不应该长期处于焦虑或紧张之下，而应该保持精神平静，帮肚子里的宝宝放松。聪明的妈妈应该常常锻炼、欢笑、放松，生产很多让人感觉愉快的天然激素——内啡肽，来跟应激激素对抗。让宝宝有机会享受幽默，欢笑是大脑的良药——无论什么年龄的人都是如此。

为宝宝打造更聪明的大脑，也让妈妈的大脑更聪明

请记住，这本书里所有帮助你们培养健康宝宝的建议，也会帮助你们成为更聪明的爸爸妈妈。

"孕期大脑"（"妈妈大脑"）会让你对任何有助于孩子的事情格外敏感。美国国家心理卫生研究所的神经科学家已经证实了人们早就有的想法——孕期以及刚分娩的妈妈大脑有所改变，以培育并照顾宝宝。实际上，在新妈妈的大脑中，跟照顾宝宝密切相关的区域会产生更多的灰质（脑细胞）。但是，妈妈好像也付出了神经方面的代价，那就是记忆力的减退，在生育的过程中，这件事非常有趣。对于一些新妈妈来说，跟育儿没关系的脑力活动都让位给了做好妈妈的脑力活动。

妈妈的故事。我在网上订了机票。到机场后我把机票递给工作人员，他看着票说："你们应该去另一个机场。"我惊慌失措地哭起来，那位工作人员很同情我，帮忙重新订了票。孕傻真有其事！

我和玛莎认为，所有怀孕的女性碰到的麻烦事都是有原因的。"孕期大脑"意味着，大脑中充满了健康的育儿思想和为做妈妈进行的准备工作，不得不牺牲关于其他事的一些记忆。大脑在这个阶段常常让妈妈沉浸在自己的世界中，有时甚至忽视了丈夫。在通往为人父母的道路上，的确有很多东西需要思考。

附注 更多的聪明信息

宝宝大脑的大小。宝宝的大脑占了身体的 1/4,比其他任何哺乳动物幼崽的大脑比例都大。有一次在中国进行有关大脑健康的讲座,我跟世界知名神经科学家迈克尔·克劳福德博士说:"新生儿的大脑在哺乳动物中最小,但为什么人类仍然那么聪明?"克劳福德博士解释说,其他哺乳动物的大脑在出生时已经成熟。小牛在出生之后几乎马上可以行走,而人类的宝宝却需要到大约 1 岁的时候才可以。人类宝宝的大脑比其他器官占据了身体更大的比例,如果他们在子宫中花更多的时间发育大脑,出生的时候头部会更大,这些改变都会影响妈妈的分娩,因为现有的过程已经够痛苦了。为了解放宝宝和妈妈——人类宝宝出生的时候头部发育并不成熟。

这些对大脑发育有什么意义?在宝宝出生后的几个月,爸爸妈妈应该创造一种类似子宫的外部黄金环境,让宝宝最后几个月在妈妈肚子里没有得到足够营养的大脑得到滋养。有一句俗语:"怀孕时间实际上是 18 个月——9 个月在肚子里,9 个月在肚子外。"

神经成像技术。3 种最常见的神经成像技术:CAT 扫描:利用 X 光,有时也在血液中注射参照物,研究 X 光下发生的变化;MRI(磁共振):用磁波研究大脑结构的变化;PET 扫描:像一位电气工程师检测大脑电活动的变化。颜色和血流增加代表某个区域的电活动增加。

母乳。利用生化技术在婴儿配方奶中加入母乳中含有的营养物质,这看起来很聪明。但这种一厢情愿的想法让我感到罪恶,因为即使是在养育一个国家最重要的资源——孩子这件事上,经济的利益也超越了健康的重要性,这实际上是一种悲剧。首先,配方奶粉公司遗漏了

DHA这种最昂贵的营养物质。这种行为被发现之后，他们辩解说需要先证明宝宝的确有需要。废话！妈妈的乳汁中含有这种物质，宝宝当然需要。大自然母亲自从人类生命之初，就在"实验室"中配制出这种完美的配方。而配方奶化学实验室中的家伙开始这方面研究不过数年之久。

配方奶公司的第二项错误是人乳低聚糖（HMO）的缺失，配方奶研究人员认为："这种碳水化合物反正宝宝不能消化，我们就不管了。"又错了！也许宝宝的上部肠道不能消化，但他们的"第二大脑"——微生物群，也是免疫系统的助推器，身体最有价值的器官很喜欢人乳低聚糖，这也是大自然妈妈让它们存在的原因。好在到了2016年，一些美国生产的配方奶已经开始添加HMO了。

Omega-3为细胞膜提供养料。下面我们谈谈Omega-3如何帮助细胞膜更好地工作。细胞膜两边都是液体，外面是血液和其他体液。细胞膜应该可以选择性地渗透，让好的营养物质从血液中进入细胞，屏蔽掉对大脑有害的毒素。把细胞膜想象成有上百万个微型大门（接收器），营养物质通过这些门进入细胞，提供能量促进身体生长，而代谢产生的垃圾则被送到血液中去。

在细胞膜内部是液态细胞内含物，细胞内部是所有生长发育发生的地方，必须受到保护。细胞膜两侧都是脂肪，因为脂肪不溶于水。这个设计多么聪明！Omega-3就像细胞膜的工程师一样，制造前列腺素这种化学通讯员，保护细胞膜免受伤害。

Omega平衡。对于大脑健康最新且最有启发的概念是Omega平衡，意思是说要吃足够的Omega-3和Omega-6油脂，并让它们保持平衡。聪明大脑的Omega黄金比例是Omega-3:Omega-6=2:1。神经科学家开始向所有人群介绍Omega平衡，尤其是大脑发育中的孩子，他们应该食用更多含有Omega-3的油脂,减少Omega-6的油脂摄入,比如玉米油、大豆油和棉籽油。记住,Omega-3和Omega-6都是重要的脂肪酸,因为二者对大脑发育都很重要。我们的身体无法制造这两种油脂,必须从食物中获取。要了解二者的比例是否合适,有一个简单的办法,我称为"Omega-6霸凌效应"。它们两个就像一起玩、一起工作的好朋友,如果它们相处得不错,就会创造健康的大脑组织。但是,当Omega-6过多时,它们往往会"霸凌并压倒Omega-3"。

在细胞膜内存在一种叫作酶的生化物质。酶就像建筑工人一样,用这两种重要的脂肪Omega-6和Omega-3,建造健康的细胞膜。其中一种酶是碳链延长酶,把主要存在于植物油中的比较短的碳链"短家伙"变成"长家伙"。短家伙是主要来自植物油的α-亚麻酸,比如亚麻子油或坚果油等。大脑喜欢长家伙,因此这些酶会把短家伙变成长家伙。如果你吃的Omega-6油脂太多,就会耗尽所有的酶来改变短家伙,结果导致Omega-3不足。这就是前面所说的"Omega-6霸凌效应"。

解决办法。2012年,全球研究Omega的科学家举办了一次圆桌会议,我也参加了,得出了4个结论,其中之一就是摄入足够且比例适当的Omega-3和Omega-6,这样对大脑最健康。Omega-6我们已经吃得够多了,重要的是全世界都应该多吃来自海鲜的Omega-3。

Omega-3为大脑通讯员提供养料。Omega-3(DHA/EPA)的作用,就像是大脑的通信指挥。神经细胞(也叫神经元)之间的连接或空隙会尝试互相沟通,被称为突触,这个词的英文说法来自希腊语,意思是"连接在一起"。神经元是人体DHA浓度最高的组织。神经元是怎么互相联系的?一个神经元释放出神经递质,这种生化通信物质就像高速轮船一样,经过突触将信息从一个神经元送到另一个神经元。接受信息的神经元的细胞膜上有微型接收器，接纳这些神经递质。Omega-3 为这些大脑通讯员提供营养，让它们更快、更高效。这些可改变形状的小分子想办法进入接收器，以更有效地接受信息。

如果你摄入的 Omega-3 不够，会出现 3 种情况：神经递质轮船航行得不够快；轮船没有办法进入港口停泊；细胞膜含有太多坏脂肪（比如人工生产的氢化油），轮船就不能进入码头，甚至会让泊位变形，使得船只靠岸难上加难。

最佳海鲜来源。我们可以找到的最安全、最有营养、最美味的海鲜，来自阿拉斯加和太平洋。关于"红绿灯海鲜"（绿灯、黄灯和红灯）的更多信息，见西尔斯医生的《Omega-3 的作用》。

白米效应。营养学家指出，中国越来越多的糖尿病（肥胖导致）病例，是由于传统的高碳水化合物（白米饭）饮食习惯，在农业社会，这样的饮食习惯没有问题，因为人们可以通过劳动把碳水化合物消耗掉。但是随着中国社会的城市化，人们在喜欢白米饭的同时，又在高碳水化合物的膳食习惯中加上了含糖饮料。原来在乡村劳作的人们，则坐在城市中的室内。原来在乡村玩耍的孩子，到了城里也坐得更久。由于习惯了伏案工作，不再用运动来消耗多余的碳水化合物，人们身上储存的碳水化合物就变成了脂肪。

孩子需要大自然。大脑中的"恐惧中心"杏仁体在自然环境中会比较放松，而城市则会让它紧张，2003 年的一项针对孩子和成人的研究发现，如果孩子小时候在自然环境中待的时间较长，压力对他们的影响就比较小。也许针对校园中日益严重的情绪障碍和霸凌现象，应该用到外面去散步或体育运动来解决。一些神经科学家相信，远离自然的孩子大脑中的恐惧中心更大。

大脑中在发生什么？ 当人们欣赏自然的照片，或者身处自然中的时候，感觉心情平和，大脑中发生了什么？MRI 研究给出了答案，大脑中的阿片受体富含天然的镇痛细胞，跟多巴胺分泌也有关，大自然的美景会激发这个海马旁回区域。作为对大自然的回应，身体会释放多巴胺。大自然是天然的大脑放松剂。研究人员得出结论，自然会镇定、缓和大脑的兴奋中心，而相反的景象（嘈杂的人群、林立的商场、上下班高峰拥挤的交通等）则会刺激大脑，让大脑疲惫不堪。我自己在长途奔波、人群拥挤和大商场里也有这种疲惫的感觉。一些最新研究通过对乡村居民的长期观察，发现他们比住在城市里的人更平静、健康。再补充一点，神经成像研究发现，城市居民的大脑恐惧中心更活跃。

在森林中散步。有一次在京都做完演讲，接待我们的坂西先生注意到我们非常疲倦。他说："我要带您和太太来一个森林浴。"我还以为那是一种饮料。然而，我们开车到了一片山顶，在森林中散了一小时的步。那个时候我才知道森林浴是有其科学依据的。这个森林浴非常有效，让我感到了精神上的平静和放松，身体也感觉舒适了。神经科学家已经研究过森林浴对大脑的影响。当你带孩子到户外的时候——森林、公园里，任何让孩子可以平静游戏并享受自然美景的地方，他们正在发育的大脑里都在发生美好的事情。

堪萨斯州立大学的研究者发现，开花的植物也能激发有镇定作用的脑电波，通过脑电图就可以看到。来自中国台湾的研究人员也发现，跟面对嘈杂城市景象的人们比起来，如果人们看到大自然的森林，会心跳放慢，心电图和肌电图都显示出这具有治疗作用。2004 年，日本对精神病患者进行的一项研究，也显示出了类似的心跳放缓的结果。绿色植物会降低血压和心率，提升大脑阿尔法波的活动。日本森林治疗协会还发现，森林浴还有一些有意思的地方。研究显示，在森林中散步 40 分钟会提升情绪和精神,降低血压和应激激素皮质醇,从而证明了人类学家早就有的设想:我们就应该多走走。散步的地方也很重要。日本研究了 20 名在森林中散步的人,跟那些在城市中散步的人对比,在森林中散步的人的大脑血流量表现出持续增加的放松状态。

小小音乐家有大大的大脑。 有人研究了一些 3~6 岁的孩子,他们受到"铃木教学法"(模仿听到的音乐声)的教育,结果发现他们在 6 岁的时候就学会看乐谱了。针对 26 名年轻音乐家的研究发现,这些一般从 10 岁以后开始接受音乐训练的孩子,大脑中某些区域发育得更大,尤其是那些跟语言和运动协调有关的区域。

音乐故事还在继续。学习演奏乐器的孩子不仅有更大的大脑(更多的灰质),跟不学音乐的人比起来,在年纪变大以后,学音乐的人大脑灰质流失也较慢。

有助于睡眠的食物。 色氨酸是引起睡意的物质——血清素和褪黑素的先驱,也就是说,色氨酸是大脑用来制造放松神经递质的原材料。想办法得到更多的色氨酸,既要多吃含有这种物质的食物,还要确保更多的色氨酸进入大脑,这样才能有助于睡眠。另一方面,缺少色氨酸则会影响睡眠。

同时进食碳水化合物和含有色氨酸的食物,会让这种有镇定效果的氨基酸更易为大脑获取。高碳水化合物食物会刺激胰岛素的释放,有助于清除血液中那些跟色氨酸竞争的氨基酸,使得更多这种天然促进睡眠的物质进入大脑,制造血清素和褪黑素促进睡眠。而没有碳水化合物、只有高蛋白质的食物则会让你保持清醒,因为富含蛋白质的食物也富含酪氨酸,有提神醒脑的作用。

有助于睡眠的食物如何起作用。 要了解色氨酸和碳水化合物如何共同作用让你放松,可以把来自蛋白质食物中的各种氨基酸想象成公交车上的乘客。一辆满载着色氨酸和酪氨酸的汽车到达大脑细胞。如果更多的酪氨酸"乘客"下车，进入大脑细胞，神经就会活跃起来。而如果是色氨酸下了车，大脑就会平静下来。血液中还有碳水化合物带来的胰岛素。胰岛素会让酪氨酸待在车上，而让有镇定作用的色氨酸更好地作用于大脑。

发展大脑中的快乐中心。大脑中随着快乐的想法发生变化的区域叫作扣带皮层，当孩子的关注点在生活中积极、有趣的事情上时（比如他们的好朋友），这个部分会非常活跃。扣带皮层也会安抚大脑中的恐惧中心杏仁体，这个部分处理的是恐惧和压力。

深呼吸。研究发现，呼吸会引发鼻子和鼻窦内壁释放一种天然具有治愈性和消炎作用的生化物质——一氧化氮（NO）。这种生化物质是身体制造的最重要的"药物"。除了具有消炎作用，还有舒张血管的作用，帮助肺部血管输送更多的氧气。

乳杆菌喜爱乳糖。阴道内壁的细胞会生产一种糖原，很受乳杆菌喜欢。"乳杆菌喜爱乳糖。"它们将乳糖代谢为乳酸，而肠胃和阴道内壁的这种酸性环境会抵抗有害细菌，那些细菌不喜欢酸性环境。

微生物群平衡帮助大脑获得生化平衡。新的研究发现，乳杆菌和双歧杆菌会制造 GABA（γ-氨基丁酸），科学家们因此在治疗儿童 ADHD 的药物中加入了这两种益生菌。更让人激动的是，研究证明，如果儿童服用了这些益生菌，再加上 Omega-3 鱼油，得到的效果跟服用哌甲酯一样，还没有副作用。一些新的科学研究甚至开始认为，自闭症也跟微生物群紊乱有关系。

卫生假说。除了这个假说，现在的情况是孩子们待在室内的时间太长，除了有久坐的毛病，还有一些别的问题，在医生的字典里是"室内病"。在罗宾娜·查特坎博士的大作《微生物群解决方案：从内到外治疗宝宝的全新方法》中，这样描述免疫系统的混乱："没有早早接触细菌的免疫系统，就像父母过度保护下的孩子，在问题发生的时候，缺乏解决问题的手段。"现代医学在杀死有害细菌方面已经比较成功，但现在还需要培养那些对我们有利的"细菌"。

附录　令人惊叹而疲惫不堪、充满挑战而不可思议的年轻大脑：生存和发展

2016年11月7日《时代》杂志的封面故事，讲的是压力过大、高科技的环境，如何造成青少年焦虑和压抑情绪的蔓延。

了解青少年的大脑，不仅会帮助你和孩子共同度过他们的青春期，还有利于孩子大脑的进一步发展。从一个方面说，父母应该放手了，但换个角度，孩子这时候又需要指引。这是你应该掌握的平衡。"要引导，而不是控制。"这才是你的战术目标。

不同年龄的人都会经历一天的高峰和低谷，但青少年的高峰更高，低谷更低。一方面是因为敏感度明显上升。青少年对于同龄人的态度和来自同龄人的批评非常敏感，拼命想要融入集体、被人接纳。好的一面是，你可以把这种"超级敏感"看成大脑的一剂良药。但如果"药"吃得太多，超级敏感就变成了焦虑。如果太少，就变成抑郁。如果吃得刚刚好，这些超级敏感的孩子就会充满同情。超级敏感的一个副作用就是同情，在我希望青少年拥有的素质中，同情高居前列。超级敏感还有其他副作用，分别是冒险精神和对引人注目的渴望，比如攀岩、潜水、玩过山车等等。事实上，青少年的大脑活动就像过山车，

他们父母的大脑也是如此。

青少年大脑独特的10个方面——正在发生什么

还记得吗？之前你看到过关于人类大脑发展的一个说法——可塑性，意思是对不断变化的外界环境的适应。青少年时期，这种可塑性会加倍出现。我们把这种大脑变化称为青春期可塑性。青少年的改变如此之多、如此之快，是因为脑回路的运行非常快。下面我们看看青少年的大脑中在发生着什么。

1. 社交网络增强

"我想跟朋友出去玩。"大脑是有史以来最复杂的社交网络，尤其是在青春期。青少年大脑中的灰质迅速发展，脑细胞和各个脑区之间联系的数量和强度都大大增加，其间的电子交流网络也密集得多，就像在脸书上拥有数百万个粉丝一样。

2. 修剪他们的大脑花园

园丁会修剪花园中枯萎或多余的枝条，把养料留给那些有需要的嫩枝，年轻的大脑也会修剪掉多余的神经通路，把养料留给我们不妨称之为"青少年神经"的部分。再用花园来打比方，如果说每个细胞都是一丛小树，那么青春期的小树会更加茂密。这种有益的修剪也会使青少年大脑具有情感上不稳定和脆弱的特点。

不平衡的青少年。青少年的大脑和身体发育不平衡，这解释了为什么他们行事古怪。他们大脑中的兴奋中心和情感中心比自控中心成熟得快。或者换个说法，他们的脚已经踩上了油门，却不知道怎么踩刹车。

3. 他们的情感中心"激情澎湃"

用年轻人的话说："我在升级情感软件。"包括海马体和杏仁体的大脑边缘系统，是大脑的情感中心。情感中心驱动强烈的感情，比如更爱交际、更强的性冲动、更丰富的感情（包括内向的，即自我为中心；也包括外向的，即同情他人）、更关注自身，如果得到健康的引导，他们会更关注他人。也就是说，情感中心驱动强烈的感情既有好的方面，也有不好的方面。青少年大脑中高昂的情绪可能会带领他们变成一个懂得关怀、有同情心的孩子，也可能把他们引上焦虑的道路。所以，当家长们询问如何应对青春期孩子的焦虑问题时，我会回答："不要'应对'青春期的孩子，要疏导他们的焦虑。"抗焦虑就像抗衰老一样，要降低大脑中情感部分的敏感度。如果你适当引导孩子，他们会变得更有同情心。就像服用好的药物带来好的副作用一样。我看过一些最焦虑的人同时也是最富同情心的人。

关键要为这些敏感的孩子配备一个疏导焦虑的工具箱，当焦虑影响到他们的睡眠、学习、行为和心情时，能帮助他们缓和"情感中心"。孩子天生越敏感（有利），就越容易造成过多焦虑（有害），也越需要更大的工具箱。

吃药的青少年

"医生，吃药有帮助吗？"在大脑最受打扰的人生阶段，给青少年吃一点改变大脑的药是否明智？很多儿科医生都说不！如果青少年飞速发育的大脑能说话，可能会说："这时候不要用药物来扰乱我。"家长们太过担忧，很容易就接受药物建议。他们迫切想要帮助孩子，让孩子感觉更好、学习更好、更加快乐。如果药物能解决问题，即使见效甚微也会让家长们奔向医生。愧疚感也会起作用："如果药物能帮助他呢？但是我们太害怕，都没有试一试。"还有来自其他家长的压力："我们的孩子吃药以后好多了。"这样的说法也会让你感觉吃药会起作用，而没让孩子吃药则会让你感到歉疚。

有时候孩子的某种"障碍症"是件值得庆贺的事，如今我们只会用药物纠正这些症状，让孩子适应趋同的学校、趋同的社会。如果我们用药物去改变思维超群的莫扎特或者爱迪生，你能想象会发生什么？

也许青春期是最不需要用药物来扰乱大脑的时期。有时候，情绪不稳定会让他们觉得自己无法控制自己，感觉无助或失控，这时候最重要的是让他们做一些能掌控的活动，比如与运动、艺术、科学、志愿者、有偿工作等有关的活动，心理医生称这些措施会让青少年变成"他们自己最好的朋友"。我的一个病人要求在夏天的几个月停止吃药："我就想做自己。"

4. 激素增加

"一定是激素作怪"实际上是有神经科学依据的。睾酮和雌激素这些性激素真的会改变大脑的组织结构。这些性激素会推动神经元的发展，促进对神经的修剪、激发髓鞘形成，让本已过度敏感的大脑对周围的自然和社会环境更加敏感。性激素增强大脑的可塑性，让青少年对环境和情绪问题更加敏感。而寻求快乐的激素多巴胺在青春期也会发展迅速。

青少年大脑发展的 3 个系统。青少年的大脑在 3 个方向发展迅速：回报系统、规范系统和关系系统。这意味着他们会寻求和体验愉悦，创造更多有意义的关系。而规范系统则在另两个方向踩下刹车，加以控制。这些区域的训练始于自我愉悦与自我宣传，都是关于自我的。然后刹车发育成熟，开始自我控制。培养青春期孩子大脑的关键就是帮助自控中心早日成熟，跟其他两个系统和睦相处。

时而平衡时而混乱的大脑。想象大脑中有相互连接的两个平衡系统，一个我们称之为"勇于冒险"的系统，另一个是"谨慎行事"系统，就好像当孩子第一次尝试爬高的时候，爸爸妈妈会给出不同的建议：爸爸会说"再爬高点"，妈妈则说"小心一点"。在婴幼儿时期，孩子大脑中的"爬高系统"占主导地位。而到了青春期前期，孩子们开始考虑他们要做什么、这样做会有什么结果，两个系统取得了平衡，不过他们寻求刺激和回报的系统还是超越了谨慎系统。进入青春期以后，对愉悦和冒险的渴望远远超越了自控，失去了平衡。

我家十几岁的孩子开始开车的时候，彼得飞快地把车倒出车库，结果撞坏了车的一侧；海顿把油门当成了刹车，撞瘪了车头。我们深深吸了口气，微笑着说："还好是在车库而不是在高速公路上，修车比修理你们的身体容易。"

5. 大脑刹车系统减弱

在青少年大脑情感增强的同时，别的部分在弱化，所以他们才会出现奇怪的行为，有时让父母很抓狂。大脑的运行中心前额叶是控制冲动、踩下刹车的控制中心，青春期的时候这个部分会弱化。这两个大脑中心的失衡——一个主张冒险，一个主张控制，造成孩子们偏离父母的指导，更易受到其他孩子或媒体的蛊惑，无论在身体还是精神上都不够健康。在写作本章的时候，我目睹了年轻人不戴头盔飞速轮滑，在公路上的车流中穿行。这是缺乏控制的冒险行为。

想一下孩子的大脑内部在发生什么：神经网络的发展对孩子的外在行为也有影响——建立更大、更密集的社交网络。看起来还不错，但存在着问题。大脑需要检查系统和平衡系统来正常运行。前额叶是大脑的理性部分——刹车，可以提供恰当的判断。前额叶会评估并调节大脑边缘系统对愉悦和回报的追求，为冒险行为踩下刹车，就像大脑里有妈妈在说："做事以前多想想！"迅速发展的边缘系统则鼓动孩子："跳上滑板，在路上任意驰骋吧。"而前额叶皮质则回答："别做傻事，先戴上头盔，只在路边滑。"

大脑刹车中心前额叶皮质在正确的时候储存和释放正确的信息，思考相关行为的结果。比如："那个总向我献殷勤的帅哥，如果我答应了他的追求，会有什么结果？"

但是，大脑的刹车中心前额叶皮质比边缘系统晚成熟 5~10 年。在一定程度上，青少年的大脑还没安装 GPS，就在路上狂奔了。所以，家长、老师都应该成为孩子的 GPS。

大脑内部从青春期到成人期的"成熟",需要让控制中心(刹车)主导兴奋中心(冒险、刺激等)。

6. 社交加强

青春期的大脑发育可以被理解为孩子的社交发展。在儿童时期和青春期前期,孩子们跟很多人交朋友,大脑发生了很多联系。进入青春期,跟朋友的关系会加深,有的孩子在高中交到一生的挚友,大脑中的联系也在加深。也许朋友的数量没有那么多了,但交往的意义更深刻,青少年还会"修剪"掉那些不那么有意思或有意义的关系,大脑也会修剪掉不需要或没有用的神经通路。

青少年跟成年人一样可以学会自控,只不过他们更容易怀疑,比成年人更容易受到环境的困扰。比如,在某些情况下青少年一样具有自控能力,不过一些环境因素,比如睡眠不够、同龄人的看法或压力等,都会影响他们的自控,而成年人则不那么容易受到影响。这些关于青少年大脑的洞见告诉我们,要让青少年的大脑运行得当,应该减少长期的压力,增加高质量的睡眠,以及拥有比成人更多的自我冷静技巧。

青春期的大脑比成人大脑更易受到打扰。比起成年人来,青少年的前额叶皮质不太善于摆脱麻烦,寻求帮助。

进入现代科技世界,迅速发展的高科技玩具已经占领了青少年的大脑,也让神经科学家能够研究青春期大脑内部如何运行,并找到问题的答案:"为什么会有这样的行为?什么时候能改善?"

7. 青春期大脑有更多脂肪

虽然说青少年的最大愿望是变苗条，但他们的大脑却在变胖。这个时期，神经纤维外包裹的脂肪外壳髓鞘生长很快。这种白色物质的增长带来大脑中心之间更快速的交流，就像加宽了的宽带。什么时候交通事故最多、急诊室最繁忙？你猜对了，就是青春期，13～23岁这个阶段。即使孩子6岁时大脑就长到了成人大脑的90%，但最后的10%还有很多事可做，尤其是在青少年时。髓鞘化是大脑发育的最后阶段，要到几乎成年以后才会彻底完成。大脑中最后完成髓鞘化的部

第二儿童期，第二次机遇

儿童阶段早期，比如从出生到3岁，是孩子大脑发育最快的阶段。猜猜下一个发育最快的时间是什么？在青春期即将到来的时候，也会出现发育上的飞跃，带来第二次机遇。青春期前期神经可塑性的爆发，使孩子在这个飞速发展的阶段得到了第二次机会。有的家长认为应该抓住这个机会，培养孩子以前没有形成的一些习惯，比如弹钢琴。还有，我们不应该对这个时期心存畏惧，消极地想"我就坐等这个时期过去吧"，而应该把这看成是一个机会，因为这时候的大脑也跟孩子终身保有的习惯联系在一起——不管是好习惯还是坏习惯。事实上，对于青春期的大脑来说，万事皆有可能。好的一面是，这时候的大脑最善于接受并培养让他们终身受益的好习惯，反之亦然，这也是影响一生的坏习惯扎根的时候。

分是前额叶皮质，主管自控和选择适当行为的区域。

在青少年大脑发育基础设施中加上更多的髓鞘。就像绝缘体保护电线一样，髓鞘也会增强大脑不同中心之间的交流。如果有髓鞘的保护，神经冲动会以百倍的速度加速运行。也许这就是为什么青少年自然而然地在高科技玩具上技高一筹。还记得有多少次孩子帮助一个手足无措的大人："来，老爸，我告诉你怎么做。"

> 在我们的第一个孩子出生以后，我正忙于事业起步。为人父母和工作让我疲于应付。詹姆斯到了大概 11 岁的时候，是我的"顿悟时刻"。时光不能倒流，但是我可以把更多时间花在青春期的孩子身上，这个关键的时候，我们都需要紧密的联系。

8. 青春期不是寻找伴侣的好时机

神经科学家研究了青少年的大脑，形容这种成熟中的状态为"精神不匹配"。大脑边缘区域——情感中心在蓬勃生长，主要原因是更多的髓鞘。由于青春期的高水平激素，大脑边缘系统驱动着孩子寻找新鲜体验，更愿意跟同龄人交往，而不是跟父母交流，当孩子面对这个前所未有的广大世界时，渴望彼此之间的联系。当然了，一部分社交也是寻找伴侣的动力，这是遗传机制的一部分。虽说现代父母希望这种"寻找伴侣"的冲动推迟 10 年，但这的确在青春期就开始了，所以在世界上很多社会文化中，人们仍然年纪轻轻的就有了伴侣。

更让父母担心的是，随着青春期到来的时间提前，这种精神不匹配开始得更早，持续的时间更长。这加重了青少年的脆弱，孩子们患上的疾病种类也越来越多：精神压抑、进食障碍、双相情感障碍、强迫症等。

折磨着父母和精神科学家的问题始终是："青少年这么聪明，为什么还做那么多蠢事？"都是因为激素！都是因为基因！都是因为这个年龄！都是因为所有这些原因。青少年不认为自己脆弱，也不认为自己是超人。他们跟成年人一样聪明，了解事情的后果。只是有的时候"尽管去做"的大脑冲动战胜了"多考虑一下"的控制中心。

如果汽车内有同龄人在场，青少年出车祸的比例会提高，这个统计结果悲惨地证明了一个事实，那就是青少年的大脑更易屈从于同龄人的压力。这很有道理，因为青少年会增加彼此冒险的冲动。美国有些州规定，青少年拿到驾照以后，开车的时候也必须有成年人在场。当你了解了青少年对同龄人的态度高度敏感之后，应该让他们被积极向上的同龄人包围，就像在孩子小的时候，如果很挑食，你会让他跟一个蔬菜爱好者在一起吃饭，看着对方吃下第一口西蓝花。早期预防是关键。神经元开始发展，在它们走错路以前，让青少年向着大脑成熟的健康方向前进，会大大减少未来生活中遇到的挑战。

青春期大脑需要更多睡眠

大脑在发育阶段需要很多睡眠，而青少年往往睡眠不足。褪黑素的水平会受到人工光线和自然光线的影响。不要让他们过多盯着屏幕，那会抑制褪黑素的产生，肯定不利于睡眠。

9. 有趣第一，现在就开始！

开启快乐模式。青春期很有趣。猜猜青春期大脑中还有哪个系统也在飞速发展？那就是寻求愉悦的中心。就好像摁下了一个快乐模式的按钮。对快乐的追寻是青春期冒险的特征，这也可以归结为激素的作用——不只是性激素，还包括神经激素，特别是多巴胺这种快乐激素。青少年大脑中多巴胺迅速增多。多巴胺就是我们渴望寻求快乐、寻求回报的激素，我们整天都在制造多巴胺。不幸的是，可卡因等毒品及酒精也有类似多巴胺的化学作用，对我们也有类似影响。

青少年大脑的一个与众不同之处，就是具有更多寻求快乐的神经化学物质的受体，这也能解释为什么青少年行为出格。他们笑得更厉害、感受更深刻，这还是因为多巴胺。家长们要知道：让孩子享受安全的乐趣。

生命可以有趣，但不是一蹴而就。"我要，现在就要！"马上获得满足也是青春期的一个特点。孩子们总是在抱怨学校没意思、作业没意思。他们应该学会的人生一课是：有时候你得做些"没意思"的事，为了将来有意思。比如，现在接受教育，将来就可以找到更好的工作，有更好的事业，做出更大的贡献，等等。实际上，你也得忍受枯燥而劳累的攀登，才能到达有趣的顶峰。我对家里追求有趣的青春期孩子说："现在好好学习，才能为将来的有趣生活打下基础。"

10. 青少年的电子大脑

你有没有想过，为什么你穷于应付大量出现的高科技产品，而你的青春期孩子却张开双臂迎接它们？原因在于成人大脑和年轻大脑的差异。青春期大脑跟这个科技世界为他们提供的新鲜事物、新的挑战、社交网络和时髦玩意是天生一对。你憎恶的游戏正是他们渴望的。

假设我们穿越到一百年之后,神经成像技术显示"人类持续发展的大脑中拥有前所未有的巨大科技中心",历史书也会记下"科技时代

需要留意的信号

什么时候"这些典型的青少年行为会过去",什么时候他们的古怪行为意味着精神障碍?这对家长来说都是需要解决的大问题,也是让他们紧张的原因。认为"青少年就是这样"而不加理会很容易,通常也没有错,但要留意下面这些需要付诸行动的警告信号:

- 总是待在自己的房间里,不出去跟朋友玩。
- 不太活跃,走路懒洋洋的:"我太累了,不想去游泳了。"
- 以前喜欢的活动现在不太感兴趣:"我不想再打篮球了。"即使他打得很好。
- 睡眠障碍:入睡困难、总犯困、不愿意起床,或者上述情况都有。
- 零食狂:突然开始爱吃甜食,开始有小肚子。
- 厌食,尤其是讨厌以前喜欢吃的东西:"我不想吃东西。"

我们不能把青少年的行为都归结于"愤怒的激素"或"古怪的大脑"。什么时候这些"典型的青少年行为"会消失,什么时候这些行为会变成某种精神疾病,中间只有细细的分界线。神经科学家称之为"可塑性时机",在精神疾病加深、难以解决之前,是孩子的大脑最容易适应变化的可塑期。

的到来"。但是，青少年不仅承受着过量信息的折磨——电脑、应用程序、各种电子用品，迅速发展的大脑也让他们沉迷其中。问题在于，青少年大脑的"应用程序中心"没有得到父母的指引，也没有使用手册和评价系统，可以告诫这些过分好奇且容易上当受骗的年轻人。想一想，在大脑可以处理更多信息的神经发展阶段，却缺少选择的能力。好的方面是当理性中心成熟并掌控冲动中心之后，这个阶段将会过去。黑头发终将替代染成五颜六色的头发，不停埋头发短信的背影也将消失。

父母指南：培养健康的青春期大脑的 15 条建议

现在我们知道为什么青春期大脑那么奇怪了，下面是一些建议，帮助父母、老师和其他指导者，还有孩子的同龄人，度过这个充满挑战的阶段，帮助你为青春期孩子建立 GPS。

1. 父母提出建议。青少年的大脑中会建立更多的联系，但你可以在他们跟谁建立联系上施加影响。这个时候需要父母更多的指引，而不是放任不管。这个阶段父母说"不"会遇到很多阻力，但这也是应该说的时候。也许最好说"不行，但是……"，这样你可以用更友好的方式提出改善建议。

2. 因为我爱你。这个说法会让青少年更容易接受你想传达的信息："因为我爱你，所以我不能让你破坏自己美丽的身体……"当我的孩子迫于同龄人的压力要去文身的时候，这是我的回答。将来当孩子们因此对你表示感谢，你会感到高兴的。

3. 需要更多的榜样。这时候应该让孩子接触到更多的行为模范，

> ### 跟青少年交谈
>
> 　　如果你发现孩子有对抗情绪,如何开始交谈非常重要。虽然你可以邀请孩子去自己喜欢的餐厅,不过也可以把选择权交给孩子:"今晚你想去哪儿跟我吃饭?"他们选地方,你付钱,不过你可以选择话题,还有要教给孩子的道理。
>
> 　　开始说话的时候不要挑起战争。"因为我很爱你""因为你是个聪明的孩子""因为你是个漂亮女孩""因为你的头发很好看""因为你的朋友们都喜欢你"……这些肯定的、有针对性的开场白会让他们比较容易接受你的说教,他们也许明白你要传递的信息:"有时候我才知道什么对你好""什么让你开心""你最喜欢什么运动""这个夏天你想怎么过"……然后让他们从你列出的健康选项中选择。他们的选择其实就是你想选的,只是你没有说。用隐晦的办法,会让他们感觉那完全是自己的主意,而不是你的。

比如教练、老师、精神领袖,当然还有好朋友。我长大的家庭虽然没有钱,但在精神上很富有。

4. 滋养他们的特殊之处。还有一个办法可以让孩子保持正确方向,那就是发现他们身上的"特殊之处",比如一种才能、技术或者健康的需求,这些特殊之处如果得到滋养和鼓励,就会变成自我满足,给他们带来愉悦和回报,还有青少年渴望的自信。这可能是运动、艺术、演奏乐器、出演主角、一项发明、网页设计,或者其他任何可以发挥孩子才能的东西。每一个青少年都需要发光发亮,但他们的才能因人

传授"我们的原则"

我们用来指导青春期孩子的一个办法是"我们的原则"。在青少年变化的大脑中,他们想要了解为了更好地生活,应该选择哪些活动。要在他们富有想象力和选择性的大脑中建立这些原则:"这是我们家要做的事情""这是我们该吃的东西""这是我们说话的方式""这是我们的信仰"。也许你听说过相反的说法,让孩子自己选择,但是我们相信,而且科学发现也支持我们,那就是让孩子自己选择并不是最好的办法。当孩子长大,你们之间的联系会变得比较远、比较松,但不管怎样,那种联系永远都在。

- "我们家不看这样的电影。"
- "我们家不这样跟别人说话。"
- "我们称呼大人要有规矩:'谢谢你,史密斯先生。'"

祖父教给我如何称呼别人,这在我通往成功的路上帮了大忙。21岁的时候,为了上医学院预科,我需要一份报酬丰厚的暑期工作,因此申请去做销售代表。我是一个医学院预科生,却要跟那些学商科的人竞争。在他们面试了很多应聘者之后,最终录用了我,我问他们为什么。我的老板说:"你是唯一记住了我们所有人名字的面试者。"那时我明白了祖父对我的教诲:"一个人的名字和头衔对他们来说非常重要,要记住。"

而异。我们的女儿努力尝试发现自己的才艺时,我鼓励她试试各种运动,直到弄清楚自己到底喜欢什么。她尝试了好几种,结果并不擅长也不喜欢，后来才发现了自己在花样滑冰上的爱好。我以为那是因为她喜欢打扮得漂漂亮亮的，而且只是一时的兴趣，结果我想错了。她越是努力练习，就对自己越满意，结果也越好。当然，她很喜欢我们在比赛中为她加油鼓掌。

5. 推一把。"推动自己去做事"在神经科学上是有依据的。推动我们的大脑真的会让它产生更多的联系，就像你会为了肌肉更加强壮，而增加举重的重量一样。在学术、运动或艺术上"推一把"青少年，或者引导他们发挥特殊才能，这就是医嘱。如果你在健身房举的重量始终一样，会保持肌肉，但不会让肌肉变得更强大。同样，大脑需要挑战才能发展。

培养孩子对学习的热爱。当大脑中的一个部分受到挑战，就会变得更聪明，那些与之发生联系的相邻区域，也会变得更聪明。就好像一个人如果擅长数学，也许会发现自己也擅长音乐。

6. 做事以前多想想。记住青少年最好的预防性药物就是控制冲动——什么时候应该踩刹车，什么时候应该踩油门。在青春期孩子变化的大脑中，油门比刹车更容易踩。

要在孩子飞速发展的大脑中植入自动刹车："在你冲动之前，要想到'等一下……'"给冲动中心一点时间放慢脚步，让控制中心开始运作。

7. 增加同龄人的正面压力。科学研究观察到，同龄人之间的确存在压力。当孩子们和其他青少年在一起的时候，对冒险和新鲜事物的渴望会上一个台阶。神经成像研究对比青少年和成年人的大脑，发现身处同龄人之间的青少年寻求回报的中心更加活跃。这就是"同龄人效应"，在成年人中却不存在。跟同龄人在一起的时候，青少年更容易产生"我们试试吧"的想法。我们也可以把这种情况变成一个集体治疗的机会。让孩子身处能为他们指引正确方向的同龄人中间。青少年对所谓的"集体判断"更有接受力，集体判断就是少数服从多数。如果车上的孩子们都想看看车子能开多快，一般来说开车的那个孩子就会听从大家的意见。家长可以用一种积极的办法来帮助孩子抗拒同龄人的压力："坚持你认为正确的事情。相信我，最终朋友们会尊重你的，即使他们没有说出来。要当领导者，而不是跟屁虫。"

8. 屋里有大人吗？ 孩子们聚会的时候，这应该是一个必要条件，尤其是如果你认识所有孩子的时候。当然，你不必跟他们在一间屋子里，但得让他们知道有大人在。如果你家里有规矩，要利用你的主场优势，告诉孩子们你家的规矩是什么。他们可以在电视或电脑上看什么？准备好听到年轻人说："妈，别在这儿！"但以后他们会感激你的。我们的孩子长大以后，都记得小时候受到的监督，那时候他们真的不喜欢，认为我们很傻，但现在他们却觉得我们很睿智。

9. 更多鼓励，而不是惩罚。 青少年非常喜欢积极的引导，这超过了其他所有年龄段，同时他们不喜欢批评，这也是事实。他们有的时候不太在乎失去，除非是被约会对象甩了。这些奇怪的行为使得选择非常重要，你得用奖励，而不是惩罚，来让他们走上你想让他们走的路。

他们更喜欢冒险，是因为冒险带来的回报让他们难以抗拒。他们从理智上非常清楚没有保护的性行为和婚前性行为的后果。但有的时候，追求快乐的情感因素会占上风，这就是青少年的不同之处。

10. 把孩子送进"好"学校。 很多学校对青少年来说都不够"好"。虽然高中已经有关于吸烟、喝酒、毒品和性的教育，但各种冒险行为的发生率还是在上升。很显然，这些教育没有起作用。青少年行为专家认为，孩子的问题不在学校，而在家庭。孩子们在家里养成的习惯，学校常常无能为力。

11. 给他们大脑需要的食物。在人生这 3 个阶段最需要聪明的食物：

- 婴儿期：大脑发育最快的时候。
- 青春期：大脑正在产生更多的联系，同时修剪掉无用的联系。
- 老年：大脑修复的时期。

就像给处于生长旺盛时期的花园施肥一样，你也要为青春期的大脑做同样的事情。吃进去的东西会影响你的大脑。如果青少年的大脑能说话，它们会大声说："我需要更多的髓鞘！"髓鞘就是包裹在神经纤维外的脂肪层，让它们能以百倍的速度传递生化信息——就像给电脑升级一样。

大部分髓鞘都是脂肪。青少年的饮食中需要健康的脂肪，而不是垃圾脂肪。

在需要更多脂肪的时候，他们可能却吃得更少了。很多年轻人错误地认为，为了保持苗条，就要少吃脂肪，这会适得其反。少吃脂肪让他们变得很饿，想吃更多的碳水化合物，结果制造了更多脂肪。

他们吃的是错误的脂肪。"炸薯条损伤了大脑"，不健康的油类和垃圾脂肪在大脑飞速发展的敏感阶段造成了很大伤害。记住，发育中的大脑组织最容易受到影响，无论是好的影响，还是坏的，尤其是像脂肪这样的营养素。这个阶段青少年最需要有适当脂肪的饮食。

Omega 脂肪失去了平衡。大脑发育的关键在于 Omega 平衡。Omega 脂肪存在于海鲜和健康的植物油脂中，它们对发育的大脑很有好处。其中最重要的两种是 Omega-3（鱼油等）和 Omega-6（植物油等）。二者大脑都需要，但一定要平衡。大脑中 Omega-6 太多会挤占掉 Omega-3。青少年吃下的 Omega-6 太多（玉米油、大豆油、氢化油），会消耗掉所有的酶，结果 Omega-3 就没有酶来代谢了（更多健康油脂有利于大脑发育的内容，参见西尔斯医生写的《Omega-3 的作用》）。

他们喝下的"傻瓜"碳水化合物对大脑有害。这个阶段孩子们的大脑是处理人工甜味剂最无能为力的时候，却喝下了大量饮料。人工增甜的饮料是最让人郁闷的碳水化合物。大脑健康的营养原则之一，就是需要稳定的碳水化合物供应。而这种液体对大脑健康非常不利，因为它不像其他碳水化合物食物那样需要咀嚼、吞咽和慢慢消化，会迅速进入血液，冲向大脑。大脑不喜欢血糖的急剧升高和降低。

12. 多运动！在一次晚宴上，我碰到了道奇棒球队著名的教练汤米·拉索达，我们讨论起如何帮助孩子培养生活技能。汤米说："你不能保护孩子一辈子，只能帮他们做准备。"我们谈起运动如何帮助孩子为生活做好准备，他们如何跌倒又爬起，永不放弃。孩子们会从内心深处形成一种想法："我能做到！"

青春期的孩子需要团队。运动是最好的大脑药物，青春期时更是如此。此时大脑正在经历急速的发展，运动能让孩子更聪明。家长和老师们注意到，当孩子最喜欢的运动处于"淡季"的时候，孩子就会出现更多的冒险行为。事实上，研究证明，让孩子多运动，会改善他们在学习上和学校里的表现。如果孩子感到厌倦或有不良行为，"去外面玩"，这对青少年也很重要。

13. 青少年需要更多性方面的指导。当一个十几岁的男孩出现在我家，要约我女儿出去，我来了一场"孩子坐下，让我们谈谈"的布道，要点就是："对她要像对你自己的女儿那样。"当然，我女儿怕死这种场面了。但在很多方面，家长都比孩子们懂得多得多，将来女儿会感激我的。

这个阶段，妈妈的建议会被青少年旺盛的神经生化作用需求取代，

给我短信！

孩子们害怕被惩罚，害怕让父母失望，害怕失去父母的信任，因此如果发生了觉得丢脸的事情，他们一般会对父母保密。也许你还没意识到，而你的青春期孩子则不愿意那么想，但他们真的需要你做后盾，需要你在他们不知所措的时候指引方向。当我和孩子一起做很喜欢的事情时，比如在高尔夫球场上散步，我会跟他说："如果你有需要，比如发现自己有什么问题不能解决，或者在做什么以后可能会后悔的决定，随时都可以给我打电话或发短信。我保证不管你说什么都不会生气，哪怕是'爸，我要去抢银行了……'"（举个你自己的例子，要够奇怪，好引起孩子的注意，他们会记住最奇怪的画面。）"我会尊重你，因为我知道告诉父母他们不想听的东西有多勇敢。"你要传递自己的信息，让孩子不必担心因为向你寻求帮助而受到责骂和惩罚。有时候我会再加上几句："不过如果我发现你没有告诉我实话，或者在你有需要的时候对我保密，我会生气的，还会狠狠地罚你。"

对惩罚的恐惧跟对回报的渴望程度一样吗？也许不，不过你要竭尽所能，哪怕有一点用也好。当我们的儿子鲍勃14岁的时候，想要去听一场我们不太认可的音乐会，我们拒绝开车送他去。后来他承认自己那天晚上溜了出去，走到了现场。把这件事情说出来让他感觉好多了。我们没有生气，而是拥抱了他，并说"谢谢你告诉我们"，这件事就过去了。现在他已经成了鲍勃医生，他养育的3个青春期孩子是我见过的最好的孩子。

因此需要防患于未然，比如不要让孩子的男朋友在你不在家的时候过来。这个阶段孩子们不是不知道意外怀孕这种后果，只不过他们的冲动更胜一筹。

14. 孩子需要精神指引。"让孩子自己拿主意"是心理学书籍上常见的借口。在孩子发育的大脑最可能形成终身印象的时候，你应该给他们指引。

15. 留下正面的记忆。在孩子成长的大脑中，你希望留下家庭生活中的哪些画面，让孩子们在需要时可以重放？青春期的大脑能够储存并重放更多鲜明的记忆。由于青少年大脑的神经可塑性，这时候孩子大脑中储存的记忆最鲜明、持续时间最长。不过记忆和重放功能的强化既有好的方面，也有坏的方面。如果发生的是正面的、值得记住的事情，那是好事。如果相反，就不好了。你想要孩子回忆的时候想起什么？初吻和第一次车祸都会栩栩如生地留在孩子的大脑中。神经科学上的解释是，青春期孩子的大脑释放出更多的神经化学物质，对于生活中激动人心的事情感受过度活跃，其影响也会持续很长时间。在人生各个阶段的记忆中，青春期的记忆最深刻，最容易被记起，不管那种记忆是好还是坏。

因此，家长要帮助孩子储存你希望他们记住的片段，以在需要的时候重放：家庭旅行、颁奖典礼、班级活动等。但是，这个阶段不好的记忆也会难以磨灭，不像童年那样。

演示和说明

记住这一章的主题：了解青春期孩子的大脑中在发生什么，帮助他们朝有利的方向发展。尤其要让青少年培养控制冲动的能力，就好像在说:"我要教你迅速变化的大脑学会刹车。"根据我的经验,家长们的首要任务是避免那些会威胁生命的冒险行为。下面是一些来自西尔斯家庭的故事。

等待适当的开始。我们家的年轻人会仔细考虑"我想骑摩托车"这些想法,而且不喜欢听到父母的意见"不,你不能!"。我们会利用青春期大脑的特殊之处——储存生动的视觉记忆,帮他们做出自己的判断。我会带他们跟我一起到附近医院的急诊室去,看看因为摩托车事故从急救车上抬下来的绑满绷带的人。我什么都不用说,他们会用自己的眼睛去看,然后记在脑子里,放弃那个危险的要求。

不该喝酒。青少年酗酒带来的后果已经太明显。大部分家长意识到孩子们想尝试喝酒时,就会琢磨如何降低酒精的影响。也可以采用同样的急诊室说明课,让他们的大脑明白酒精会带来什么结果。给他们讲讲区区几杯酒如何让你的朋友一生都坐在了轮椅上。喝酒值得吗?一个画面抵得上千言万语,这千真万确。

别碰毒品。跟处理酒精的办法一样,也让孩子看看吸毒会带来什么后果。告诉他们毒品和大脑的联系。一点毒品也许会让他们暂时感到兴奋,但最终日益增加的毒品会伤害大脑,渐渐让他们感到抑郁。我的橄榄球教练教过我:最好的防守是主动出击,让孩子们培养健康的爱好。

结婚以后再有性关系。也许这是最难做到的,尤其是现在男孩女孩的青春期都来得更早了。

开车时不发短信。在当地急诊室或网上看看真实的案例。孩子越爱冒险,你的教育就应该越生动。

在网上找一些故事,关于年轻人如何被判有罪,关进监狱,甚至在那里待上几十年。也许还要告诉他们,司法系统对那些"爱冲动的年轻人"的态度正变得越来越严厉，想要给更多青少年留下正确的印象，拯救无辜的生命。对于冒险行为，要通过演示和说明向他们强调："你一辈子都可以享受跑步的乐趣，一次冒险真的值得你赔上自己的双腿吗？"

远离色情。写这本书的过程中，玛莎和我在一个朋友家过了一夜。半夜的时候我醒了想回家，当我们向后门走去的时候，看到这家的一个人正在电视上看特别恶心的黄色电影。我不知道自己脑子里的雷达系统如何在潜意识中侦查到那些可怕的画面，不过那种真实的脑电波活动让我印象深刻。

青少年色情是一种"秘密嗜好"。这不像毒品和酒精，你不会从大脑成像上看到它们的有害作用。

关注感觉

一天，我一边游泳一边冥想，思考孩子干的傻事。在最平静的时候，一个内在的想法跳了出来："想想这个，不是刚才那个。""着眼于他的感觉，而不只是关注他的行为。"如果你让自己沉浸在后悔之中，结果就只会变得愤怒："他怎么能这么蠢！"你得到的只有焦虑，生气又着急。你的大脑会因为自己不能帮助孩子摆脱麻烦而备受困扰，这对你们俩都没有好处。

换个思路，你可以想想他的感觉："这件事以后，你觉得……"或者"你一定觉得……"用尝试了解来代替责骂，你同情的口吻会有治愈的效果，让孩子更容易接受你的帮助。与其喊叫着横加指责疏远孩子，拉开你们之间的距离，还不如让孩子知道你爱他，你要帮助他。

帮助者快感

青春期的时候，孩子的帮助者快感格外发达。所谓帮助者快感，就是当一个人帮助他人变得更快乐或更健康时，大脑产生的美妙感觉。这也是医生们努力工作的原因。每一天工作结束，我的身体很累，但精神上非常满足，因为我知道也许有一两个人因为我的建议或者开的药方而变得更健康、更快乐了。

要记住青春期的孩子极其敏感。所以当我听到有人抱怨："她太敏感了。"我的回答会让这个人大吃一惊："那太好了！"

青春期孩子高度敏感的特性，让他们在帮助别人的时候得到更多的回报和愉悦的感觉。

肖恩的故事。肖恩是我的病人，也是一个超级敏感的少年，在一次划船事故中差点失去一条腿。手术很成功，又经过了4年的治疗，肖恩已经恢复得可以跑步、打网球和游泳了。虽然他一只鞋的鞋跟稍微垫高了一点，不过看着他跑步，人们很难想象为了恢复到现在的样子，他经历了什么。

我们对肖恩的帮助，就是利用孩子天生的"超级敏感"。首先，我们激发他的帮助者快感。记住，开启快乐的成就感是青少年最重要的行为动机。

肖恩跟我一起把自己的问题变成了机遇。他把自己的治疗过程记录下来，记下自己在痊愈的过程中学到了什么，并用来帮助其他有需要的人。

他的专注和努力最终形成了一本小册子，名叫《帮助孩子复原：给父母和看护人的实用手册》。他和充满爱心的父母一起开始了一项慈善事业，免费赠送这本80页的小册子，给那些孩子住院或罹患慢性疾病的父母。

肖恩还在网站上简要介绍了自己的经验。他可能浪费在担忧上的精力，被引导用来治疗别人。他的大腿在经过手术和物理治疗变得越来越强壮的同时，他的大脑也因为帮助者快感变得越来越强大。

图书在版编目（CIP）数据

西尔斯聪明大脑养育百科 / （美）威廉·西尔斯，
（美）玛莎·西尔斯著；李耘译. -- 北京：新星出版社，
2025. 4. -- ISBN 978-7-5133-5997-9

Ⅰ. R174

中国国家版本馆CIP数据核字第2025RF7087号

西尔斯聪明大脑养育百科

［美］威廉·西尔斯　　［美］玛莎·西尔斯　著

李耘　译

责任编辑	汪　欣	**特约编辑**	李奕周　李　浩
装帧设计	徐　蕊	**封面绘制**	陈慕阳
内文制作	王春雪	**责任印制**	李珊珊　史广宜

出 版 人	马汝军
出　　版	新星出版社
	（北京市西城区车公庄大街丙3号楼8001　100044）
发　　行	新经典发行有限公司
	电话（010）68423599　邮箱 editor@readinglife.com
网　　址	www.newstarpress.com
法律顾问	北京市岳成律师事务所
印　　刷	河北鹏润印刷有限公司
开　　本	700mm×980mm　1/16
印　　张	18
字　　数	240千字
版　　次	2025年4月第1版　2025年4月第1次印刷
书　　号	ISBN 978-7-5133-5997-9
定　　价	68.00元

版权专有，侵权必究。如有印装质量问题，请发邮件至 zhiliang@readinglife.com